U0309373

本书作者詹姆斯·拉韦尔，20世纪英国服装与时尚史权威专家，1938年至1959年间担任伦敦维多利亚与艾伯特博物馆绘画艺术部以及图片与绘图部负责人。出版有众多的作品，其中包括《趣味与时尚》《时装与时装版型》《英国军用制服》《戏装与布景》《服装》《爵士乐时代的女装》《花花公子》等。

作者艾米·德拉海，伦敦时装学院服饰史和时尚管理学科鲁特斯泰因·霍普金斯教育基金委员会主席，曾任伦敦维多利亚与艾伯特博物馆20世纪服饰馆馆长。出版的作品有《冰上奇缘：1947—1997的英国时尚》《流行款式大全》《香奈儿：文化与产业》，以及合作作品《20世纪以来的服装》（Thames & Hudson出版社出版）和一本即将出版的关于时尚管理的书。

作者安德鲁·塔克，时尚记者，也是《伦敦时尚录》《德赖斯·范·诺顿》和《时装速成课程》等书的作者。

"艺术世界丛书"版权引自英国Thames & Hudson出版社

"艺术世界丛书"是著名的插图本世界艺术系列丛书，几乎囊括了世界艺术的所有种类。

（英）詹姆斯·拉韦尔　著

林蔚然　译

艺术世界丛书

服装和时尚简史 <small>第五版</small>

第十章由艾米·德拉海和安德鲁·塔克撰写

第十一章由艾米·德拉海撰写

348 幅插图（85 幅彩版）

浙江摄影出版社

献给我的朋友，收藏家、作家

多丽丝·兰利·穆尔夫人

目 录

图 1　Lespugue 的维纳斯，奥瑞纳时期（Aurignacian，欧洲旧石器时代晚期），法国夸张女性生育力的雕像，上面有羊毛或亚麻捻线编成的缠腰布（loin-cloth）。

第一章　服装起源

　　服装，在相当长的历史时期，都是循着两条不同的路线发展的，结果形成了两种对比的装束类型。以现代人的眼光看，最为明显的划分是男性装束与女性装束：裤装（trousers）与裙装（skirt）。然而，这决不是真的说，男人一直是穿分叉的服装，女人一直是穿不分叉的服装。古希腊人和古罗马人是穿束腰外衣（tunic）的，也就是说是穿裙装的。山地居民，像苏格兰人和现代希腊人，穿的实际上也是裙装。远东和近东地区的妇女在历史上也有穿裤装的，而且许多人延续着这种穿着。事实证明，按性别作区分并不是一种准确的分类方法。

　　将"合体的"（fitted）衣装与"披绕的"（draped）衣装作对照，是可能的。大多数现代的衣装归入前一种，而像古希腊那样的衣装，则归入后一种。就这个方面来说，历史上已经呈现了许多的变化样式，有可能找到一些中间的类型。或许，人类学家做出的"热带"服饰与"寒带"服饰的区分，是最有效的。

　　伟大的古代文明诞生于富饶的幼发拉底河流域、尼罗河流域和印度河流域。在所有的热带区域，抵御寒冷，都不可能成为人们穿着衣物的主要动机。人们另外举证了不少人类穿衣的动机，有像基于《创世纪》

故事的那样单纯的思想：穿衣是出于羞怯之心；也有复杂的观念：穿衣出于炫示和具有防护作用的魔法的需求。无论如何，衣装的心理学原因，涉及其他的相关方面。在现代的研究中，人们大多认为，可以抛开那些复杂的因素，而将注意力集中在样式和材料这两个问题上。

埃及和美索不达米亚平原的早期文明，远远不是故事的全部。近年来，原始得多的史料又为人们所获，这主要归功于洞穴绘画的发现和研究。地质学家们让我们了解到一系列的冰河时期，那时欧洲大部分地区的气候是极其寒冷的。即使在旧石器文化时代（亦即工具和武器由如燧石之类的硬石块打制而成的文化时代）的晚期，生命存在于覆盖大片大陆的大冰川的边缘。在这种情形下，尽管衣装的细节由社会因素和心理因素所决定，但由于上天在提供给人类天然的毛皮外套方面如此吝啬，所以遮蔽身体的主要动机是抵御寒冷。

动物们就比较幸运了。原始人很快意识到，猎捕动物，不仅能得到它们的肉体，还能获得它们的毛皮。换句话说，他们开始穿戴毛皮了。

这样就出现了两个问题。一个问题是，简单地把兽皮覆盖在肩上，不仅严重地妨碍运动，而且身体仍有部分未得到掩蔽。因此，他们希望能以某种方式将它们加工成形，即使最初他们没有任何能力做到这一点。

另一个问题是，动物的皮干了之后就变得很硬，很难处理。所以必须找到某种方法让动物的皮变得柔软和柔韧。最简单的方法就是靠一种很费力气的索炼法。例如，因纽特妇女到今天还要花费大量的时间去"揉搓"她们的丈夫猎捕回来的兽皮。另一种方法，先是刮掉兽皮上附着的碎肉，然后交替地润湿兽皮和用槌棒击打兽皮。然而，这两种方法都不太令人满意，因为如果兽皮湿掉了，整个过程就得重来一次。

后来，处理方法有了改进，因为人们发现，将油或鲸脂擦入皮子里有助于较长时间地保持皮子柔韧，直到油干透为止。进一步的发展，是鞣革法的发现。这种如此原始的基本工艺技术，如今仍然在使用，真是让人惊异。因为某些树的树皮，尤其是像栎树和柳树，含有鞣酸，可以通过将树皮浸泡在水中来萃取。然后将生皮浸入鞣酸溶液中，经过相当长的时间，它从溶液中浮现时，就具有永久的柔韧性和防水性了。

经过这样处理的生皮，也能进行切割和加工成型。这个时候，我们就要说到人类历史上最伟大的技术改进之一了，其重要性堪比轮子的发明和火的发现，那就是：鼻针（有洞眼的针）的发明。人们在旧石器时代洞穴中发现了大量的鼻针，这些由猛犸象牙、驯鹿骨头、海象长牙制作而成的鼻针，是四万年前存放在那里的。其中一些还相当小，而且做工讲究。这一发明，使缝合兽皮以适合人身体穿着成为了可能。其结果就是因纽特人至今仍在穿着的衣装类型。

与此同时，住在更温暖的温带的人们，发现动物和植物纤维可资利用。制毡可能是第一步。中亚蒙古人的祖先开发了这种工艺，他们将羊毛或毛发梳理、弄湿后层层放置在一张垫子上，然后将这张垫子紧紧地卷起来，用一根棍棒槌打，于是缕缕羊毛或毛发就被压成了席状。这样制得的毛毡是温暖、柔韧和耐久的，而且能被裁剪缝制成衣服、毯子和帐篷。

另外一个原始的方法，也是使用植物纤维，就是利用特定的树如桑树或无花果树的树皮。将树皮从树上剥离下来浸在水中。然后三层叠放在一块平坦的石头上，中间层纹理与上、下层成垂直角度。用木槌槌打叠层，直到叠层黏紧了，再将生成的树皮布料涂油或着色以增强它的耐久性。这个过程，与古埃及人所用的把纸草转换成一种书写材料的过程非常相似，可以被看作是席制与编织的中间阶段。然而，树皮布料，不容易裁剪或缝制；用这种布料做衣服，通常就是由一块长方形原料制得的褶形悬挂的布。

树皮纤维能用于真正的编织，就像一些美洲印第安人所做的那样；不过它们不像其他植物如纤维亚麻、麻和棉花那样令人满意。然而，这些植物纤维需要耕种而得，因此在放牧时期的游牧人群中用得很少。游牧的人们有了羊，因此羊毛似乎在新石器时代就已经为人所用了。在这

9

图2、图3　坐着的马里妇女和站立的马里国王，苏美尔，约公元前 2900 年—前 2685年。裙子（skirt）和大披巾（shawl）是用羊毛和亚麻捻线排成荷叶边形制成的。

个新世界中，有用的动物是骆马和羊驼。

　　任何有一定规模的编织活动都需要一个固定的场所，由于织布机往往既大又重，从一地搬运到另一地很困难，所以理想的发展情况是一个小型的定居社团，周围有供放羊的牧场。修剪羊毛的方法，与今天所使用的相似：纤维束被捻纺成细线，然后在织布机中织成布料。无论规模多小，布料制作一经实现，我们所知的服装的发展通途就被打开了。

　　能被意味深长地称为"衣服"的最简单的使用布料的方法，是将一小块长方形的布料裹在腰部，形成一种围裙，这是裙子的原始形式。稍后，人们将另一种方形的布料披在肩上，并用扣针固定住。这种式样的着装为埃及人、亚述人、希腊人和罗马人所使用。 事实上，绕体的衣装曾是文明的标志；裁制的衣服则被视为"野蛮的"，罗马人甚至一度颁布法令：穿着这种衣装要受死刑的惩处。

　　为了能生产出足够大的长方形布料，绕体衣装显然要求编织工艺有

图 4 阿斯马尔丘的阿布神和女子雕像，苏美尔，公元前 3000 年早期。缠腰布已明显成为一种裙装，捻线缩成装饰边。

一个大的发展。然而，从兽皮到编织布料的转变，并不是人们所设想的那样简单、那样直接的。远古美索不达米亚的苏美尔文明（公元前3000年）的小雕像和浅浮雕，显示了人物穿的是**用簇状编织物构成的裙装**（图2—4）：亦即呈对称安排的羊毛簇布料，有时呈现为一连串荷叶边的装饰。这种羊毛簇或单股的绳索一旦归拢在布料的边缘，就成为了一种穗子，这种退化的元素十分明显地出现在几乎所有的亚述人和巴比伦人（无论男女）穿着的衣装上。

人们指出，带穗的披肩（这似乎是思考这类布料最有价值的途径）组成了像**亚述巴尼拔**（Assurbanipal，亚述国王，公元前668—前627在位——译注）这样的人物的服装（图5），如我们在大英博物馆人物雕像上所见到的那样。不过比起真实生活中的情形来，博物馆雕像的衣料绕体要紧得多，雕刻家为了更加清晰地描述人物衣着的样式，除去了折叠和皱褶。

女人和达官显要持续穿着这类服装，但是作为日常男装，这类服装逐渐被一种带有袖子的束腰外衣（tunic）所取代。人们认为，紧身袖子是因为受周边山区人们的影响，就像紧口靴子的情况那样。这两样东西，在气候炎热的幼发拉底河和底格里斯河流域似乎是多余的。

在尼尼微（Nineveh，亚述的首都——译注）发现的浅浮雕中，鲜有女性雕像。尽管当时对男性服装的描述更加丰富多彩，不过还是有一些女神像，显示了她们穿的是长长的、饰有荷叶边的长袍（robe）。有趣的是，我们看到，约公元前1200年的亚述法律强迫已婚女子在公共场合穿戴面纱，这是至今仍在流行的这一习俗的最早的记录。无论男女，都长时间地戴着头饰，头发和胡须都是卷曲的，有时交织着金色细丝。男子的头饰，呈倒扣的花盆形状，当然，战士戴的是顶部带有一种钝钉的头盔。防护服起初是皮革的，后来，重装步兵和骑兵的防护服还覆有金属片。

波斯人在公元前6世纪侵犯了巴比伦文明。由于来自今称突厥斯坦的山地的寒冷气候的地区，他们穿着保暖性较好的衣服，但是他们很快

图 5（左） 尼姆鲁德的亚述巴尼拔二世，巴比伦，公元前 883—859 年。男子服装由紧身袖子的长长的束腰外衣组成。裙装上的斜条纹是由披肩绕肩形成的。

图 6（右） 波斯波利斯手持贡品的波斯人，公元前 15 世纪。脚上着靴，头饰由一圈圈的布料围成。

就抛弃自己的服装而转向被征服种族的带流苏的束腰外衣和遮盖住头部的斗篷（overmantle）了（图 7）。除了羊毛和亚麻之外，这时他们又有了丝绸，这种东西是经由漫长的商队路线从中国带过来的。但无论如何，他们保留了他们那富有特色的头饰，被希腊人称之为"弗里吉安"的软毡帽。大约两千年后，这种软毡帽被法国革命者所采用，成了"**自由**

图 7 苏萨城的波斯弓箭手，公元前 5—前 4 世纪。图案衣料制成的束腰外衣，系有腰带，衣袖宽大。头发和胡须都用热火钳烫成蜷曲状。

图 8　底比斯陵墓出土的宴会场景，第 18 王朝，公元前 1555—前 1330 年。透过透明的长长的束腰外衣，透明装的一种早期样式，舞者身着的有珠子装饰的束腰紧身衣，清晰可见。

的红帽"（图 6）。波斯人也保留了他们那种有特点的鞋具，鞋尖略上翘的软皮靴子。最重要的革新是裤装的穿法，那时裤装被视作典型的波斯服装，如果我们凭借我们所能利用的非常有限的档案查证，有可能当时女性也穿裤装了。

　　分享了波斯征服战果的米堤亚人，属于相同的种族，穿着相似的衣服，但他们的衣装比较宽松、肥大一些。头饰也有所不同，既戴带有冠冕的圆帽，也戴圆形的兜帽。男性与女性服装之间的差别很小，只是女子的外套更宽、更长。不过，要在这里这样一个简短的考察中去证实波斯人与米堤亚人，还有与半游牧民族如西赛亚人、达契亚人以及邻近草原的萨尔马提亚人服装之间的细小差异，的确是徒劳无益的。

　　尼罗河河谷并不比幼发拉底河河谷热，然而埃及人的辅助服装却比亚述人和巴比伦人的服装轻薄得多。的确，在较低阶层及宫廷里的奴隶中，很多人几乎都是裸装，即使不完全赤裸，那也是**穿着很少的**（图 8）。着

图9　图坦卡蒙和他的王后，第18王朝，公元前1350—前1340年。王室服装与其他埃及人的穿着不同，衣料考究，并着有刺绣的腰带以及金色和珐琅彩衣领。

装代表着一种阶级界限。

幸运的是，由于气候极其干燥，我们得以从遗存的大量的小雕像和壁画中了解到许多古埃及人的着装情况。我们获得的有关史料，比任何其他的远古文明要多得多，其中最显著的是其静态的属性。在将近三千年的时间中，衣装的变化是非常小的。

在被称为旧王朝（也就是在公元前 1500 年之前）的时期，具有特征的服装是腰衣（schenti），用作为缠腰布（loin-cloth）的一件编织料，用一根腰带固定。国王和显要穿着的**腰衣**（图 11）是有褶且较硬挺，有时上面还有刺绣。在新王朝（公元前 1500 年至公元 332 年）时，法老也穿着一种被称为卡拉西里斯（kalasiris）的长的带流苏的束腰外衣，这种衣装是半透明的，能看见底下的缠腰料，系由一块长方形的衣料做成。女性穿着的这种衣装，胸以下是紧身的成衣处理，并用肩带固定住。[我们在雕像和绘画上看到的**极其紧身的女性衣装的样子**（图 10），或许是因为埃及艺术的惯例，实际的衣装肯定是要宽松一些的。] 有时，用一条短披肩围在双肩上，颈部围着镶有宝石的项圈，而让乳房裸露在外。

不像其他远古的民族，埃及人很少使用羊毛，因为动物纤维是被视为不纯洁的。在亚历山大大帝征服埃及之后，羊毛开始被用于制作普通衣服，但是仍然被禁止用在祭司服和葬礼服上，这两类服装是需要使用最好的亚麻材料制作的。

古代埃及人拥有着极高的卫生保健标准，亚麻细布服装的一个优点，就是容易清洗。出于相似的理由，男子都剃短了头发而穿着环绕寺庙样式的头饰，即用一块方形的条纹布料绕过双耳折成方形的头饰。在礼仪场合，人们也戴假发，假发有用天然的头发，也有用亚麻或棕榈树纤维为原料制成的。这种假发已在早期的陵墓中发现，埃及人的这种穿戴习俗延续了数千年之久。

壁画中年轻的王妃也是剃了头的，但成年女子通常穿戴用她们自己的头发做成的假发，有卷曲的或波浪式的。埃及人不戴帽子。我们所见

图 10（左） 持贡品的女子，第 11—第 12 王朝，约公元前 2000 年。紧身衣装的图案结构，被认为是由着色的皮质材料的网纹构成的。

图 11（右） 阿卡那通国王和涅弗提特王后，第 18 王朝，公元前 1555—前 1330 年。国王身着精巧打褶的布料制成的腰衣或缠腰布，王后着长长的束腰外衣或白罩袍，腰部系紧。两人都戴着珠子和宝石的项圈。

的法老头上戴的是王冠，"北方的王冠和南方的王冠"，一种是戒指的样式，另一种是圆形头盔的样式。当然，战士戴的是防护性的金属头盔。虽然埃及人的极端保守主义保留了其古代的着装风格，至少在他们的礼节和宗教仪式场合的着装方面如此，但在被希腊征服之后，埃及服装受到外来的影响，逐渐地发生了改变。

在我们讨论"古典的"服装之前，有必要先来看一看大约公元前 1400 年的时候，在米诺斯文明（the Minoan civilization）崩溃前**克里特人**穿着的令人惊异的衣装（图 12、13）。之前人们并未认真地考虑过这个文明的真实存在，直到亚瑟·埃文斯爵士（Sir Arthur Evans）在本世纪初所进行的挖掘工作，才揭秘了其人工制品的丰富性及其服饰的精巧性。

克里特岛似乎在公元前 6000 年之前就已经有人居住了，但是直到公元前 3000 年初，才出现了来自基克拉迪群岛（Cyclades）的移民浪潮，移民们带来了航海技术，使得他们能同埃及和小亚细亚进行交易。埃及和小亚细亚这两个文明中心不可避免地会对克里特产生影响，但是，至少从约公元前 2000 年起，克里特人发展形成了一种具有显著创意特点的民族风格。

从服装的观点来看，最值得注意的时期是从公元前 1750 年到公元前 1400 年这三个半世纪。克诺索斯宫殿（the Palace of Knossos）正是在这个时期建造的，而我们的大部分信息都是从该宫殿的发掘中得到的。文物遗存有壁画、彩绘壶罐和雕像。这其中，最后一个类别是最重要的。因为彩绘壶罐数量不多（与"古典"的希腊时期大量的遗物相比较），壁画数量虽多，但因未能一直得到审慎周全的修复而导致修护情况比较糟糕。唯有黏土雕像，保存得完好，因而披露了其奢华和精致的惊人程度。

当然，在某种意义上，克里特男子的衣装是颇为"原始的"，基本上由缠腰布组成，躯干是裸露的（图 15）。女子衣装为腰部窄紧并有花饰直抵乳房下方的一系列荷边装饰的衣裙。不过，男子的缠腰布与埃及人的腰衣大不相同，既有用亚麻也有用羊毛或皮革来做衣料。而在女子服装上，原始的缠腰布已经延长及地，由一块一块布料叠加而成，生产的效果与 19 世纪晚期的一些欧洲服装式样奇妙地相似。极其收紧的腰部强化了这种相似性，从现代意义上看，这种衣着是如此的时髦，以至壁画中呈现的最吸引人的一个人物，被取上了"巴黎妇人"的绰号（图 14）。

男子的腰带有时装饰有金属片，有时整个用金属制成。腰部的极端细长，表明他们从幼年时就着腰带了。所用的金属材料有金、银和铜。这些原料制作的腰带一度为人们热衷地追求。男子一般不用头饰，有时戴一种无檐帽或软帽。女子则不然，其头饰极其精致，头发用种种方式梳理，上面

戴着堪称服装史上最早的"时髦帽子"。其中的一些款式，似乎是伯里克利时代的塔纳格拉小陶俑所戴帽子的一种奇妙的预示（图16）。

　　克里特岛人对明亮的颜色情有独钟，如红色、黄色、蓝色和紫色，这在他们被保存下来的壁画中表露无遗。他们对珠宝也十分喜欢。在陵墓中发现了大量的男子女子使用的珠宝，如戒指、手镯、项圈、发夹等。富有的人们佩戴着间有珍珠的天青石、玛瑙、紫水晶和白水晶项链。扣针的使用不太广泛，这并不令人惊奇，因为与披挂式的希腊服装相对照，克里特岛人的服装既有剪裁成形的，也有披挂式的，所以是不太需要扣针固定的。我们现在必须承认，它是前"古典的"服装。

图 12、图 13（对页左、右） 图 12
和 13 为克诺索斯宫殿出土的执蛇女
神像，克里特，约公元前 1600 年。
图 14（下） 克诺索斯壁画上的"巴
黎妇人"，苏美尔，克里特，公元前
1550—前 1450 年。

这些形象具有一种奇妙的现代性。收
紧的腰身和"连衫花式"的裙装，让
人联想到 1870 年代的法国时尚。

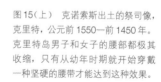

图 15（上） 克诺索斯出土的祭司像，
克里特，公元前 1550—前 1450 年。
克里特岛男子和女子的腰部都极其
收缩，只有从幼年时期就开始穿戴
一种坚硬的腰带才能达到这种效果。

图 16 塔纳格拉（Tanagra）的女士（右）和亚历山大港（Alexandria）的女仆，公元前 3 世纪。女子会在丘尼克或希顿外面穿一件亚麻或羊毛制成的紧裹身体的斗篷，类似于男性的希马申。女士所戴的有趣的小帽子可能是用草编工艺制成的。

第二章　古希腊和古罗马时期

现在，学者们已认识到那些古老的"经典"古希腊图像太过于简单。在克里特文明（Cretan civilization）被发现之前，情况的确如此。不管怎样，事实上，约在公元前1200年，多里安人开始入侵之后，一种新的文化孕育而生，并在风俗习惯和服饰装束上展现出了显著的稳定性。事实上，直到亚历山大帝国时期，男子和女子的服装都没有出现本质的改变。

在这漫长的时期里，古希腊服装就其本身并无款式可言。它由不同尺寸的矩形布料构成，不经任何剪裁和缝制地披绕在人体上。当然，随着风俗习惯的调整，在这期间可能会存在相当大的变化，但其基本风格却始终保持不变。

从公元前7世纪到公元前1世纪期间，男子和女子都穿着"希顿"（chiton），男款长及膝盖，女款长及脚踝。但有时候，男子也穿长款希顿，如著名的雕像**"德尔菲驭夫"**（the Charioteer of Delphi，图18）所示。人们用大头针和领针固定希顿，并且通常用绳索或腰带束腰。学者们是这样区分多利亚（Doric）希顿和爱奥尼亚（Ionic）希顿的，前者通常用羊毛制成，后者则用亚麻布制成。亚麻布作为一种更为柔韧的面料，可以使褶裥更多种多样，有时候还会使用长度超过从肩膀到足部距离的椭圆形亚麻布，来制成一种长至腰带下方的宽松短上衣。

人们一度认为古希腊服装是白色的，或者是来自羊毛或亚麻的天然颜色。造成这种错误认识的原因是，那些文艺复兴时期发现的古代雕塑早已失去了它们可能具有的任何颜色。进一步的研究证明，古希腊服装通常是有颜色和图案的，除了那些被推测是属于穷人的衣服。

一些下层阶级的人将衣服染成红褐色，这显然是一种不被权威所许可的行为。历史学家希罗多德（Herodotus）指出，当时有一种雅典法令禁止他们穿染上颜色的服装出现在剧院和其他公共场所。上流社会则被赋予了更多的自由。据说画家波吕格诺图斯（Polygnotus）是第一个采用诸如红、黄、紫等亮色的人。一尊近期被发现的雕塑还显露出绿色的痕迹。衣服的装饰通常只限于边缘，它被镶上边而不是织进布里，并由传统的图案，如希腊回纹饰（Greek fret）、花卉和动物图形等构成。

最基本的服装"希顿"，是以一块矩形布围绕于身体上，围绕的方式可以各种各样。男性既可以用一枚领针或大头针将它固定于左肩，让右肩裸露，也可以将它固定于两肩。穿着希顿时可以用一两条绳索或腰带扎在腰部。在希顿外面穿着护胸甲之前，人们并不使用腰带。较晚时期的希顿样式，是用两块布缝合的，有时候还缝有袖子。

一般情况下，年轻男子，特别是骑

图17（左） 女神雅典娜，约公元前450年。古希腊服装本质上就是有褶皱的布料，它由一块大面积的羊毛或者是麻布的矩形布料，整成各种各样的形态，并被一两条腰带固定，肩端则用扣针固定。

图18（对页） 德尔菲驭夫，约公元前475年。男子和女子都穿长款丘尼克或希顿，但男性只在正式场合才这样穿着。在日常生活中，男性则穿着短款希顿。

图19（上）、图20（下）由公元前5世纪浅浮雕绘制的轮廓图。

图21（对页） 迈娜德在舞蹈，古希腊原作的古罗马复制品，公元前5世纪晚期。

这些图例都说明，人们可以用不同方法来调整矩形布料，使其围绕在身体上。

手，会把一种通常固定在单肩上的短斗篷穿在希顿外面，它被称为**"克莱米斯"**（Chlamys，图 23）。不穿希顿而只穿克莱米斯，在当时并无不妥，况且体育馆里的男性和女性都裸体运动：事实上，这就是单词"体育"（gymnastic）的意思。与同一时期的闪米特族人（Semitic）不同，希腊人并不把裸露视为可耻的事。在寒冷的天气里，人们穿一种尺寸大得多的斗篷："希马申"（himation）。它最大可达到 8 英尺 ×6 英尺。

克莱米斯的女装形式被称为"佩普罗斯"（peplos）。它长及女性的脚面，与它对应的男装一样，也被穿于希顿的外面。尽管限制女性服装的奢侈程度的禁奢令层出不穷，但随着奢侈品的发展，佩普罗斯有时候

图 22（左） 密涅瓦（Minerva）女神躯干，公元 5 世纪中期。
图 23（右） 穿克莱米斯的男孩，短款军用斗篷由一块环形材料构成，用领针固定于右肩。公元前 1 世纪古希腊原作的古罗马复制品。

图 24 维罗纳女孩，意大利。古希腊原作的古罗马复制品，公元前 50 年至公元 50 年。后来，更精致的古希腊服装，包括用一块矩形布料制成的"克莱米顿"（chlamydon），都是从头部开口套进去的。这种柔软的织物依靠一条从左胸下方穿过的绳索来形成褶皱效果。

也会使用非常昂贵的材料，甚至是用丝绸来制作（参见女装**"克莱米顿"**，图 24）。应该注意，这里的奢侈并不意味着"时尚"。受人尊敬的雅典女子很少出国，几乎没有什么能诱惑她们穿上高调或新奇的服装与其他女性竞争。

不过，在美发造型方面，我们可以查探到这几个世纪中长足的发展。在希腊人打败波斯人以前，男子和女子都留长发。之后，只有男孩和女子才可以留长发。男孩会在青春期的时候剪掉他的头发，并把它供奉给众神。

早在公元前 5 世纪中期以前，女子有时会用头带来束起头发。而后，这种把头发扎在后面的行为变得常见，并且头发有时候会束得很低，在颈背部的位置上被包进一种假发髻里（图 27）。后来，女性的头发依旧被束在脑后，用缎带来扎成一种突出的圆锥体的形状。富有的女性头戴金色镶宝石头饰，在希腊被罗马征服之后，她们更频繁地做髻发造型和使用假发，从而使发型变得更加繁复和精致。帽子只在旅行时佩戴，

图 25（左）　西西里岛无名女性头像，公元前 6 世纪，显示了地区差异或者可能是受到了埃及人的影响。

图 26（中）　波吕许谟尼亚（Polyhymnia）女神头像。希腊化时期原作的古罗马复制品。

图 27（右）　博尔盖塞（Borghese）的赫拉头像。可能是古希腊原作的古罗马复制品，公元前 3 世纪。

而且即便在此时，它们通常被放置在肩上而不是头上。帽子用毡制成，并且边缘很宽。但是，塔纳格拉（Tanagra）的雕塑表明，在被马其顿人征服后，许多妇女开始头戴一种类似迷你版中国帽子的滑稽的**小帽子**（参见第 22 页图 16）。

　　在公元前 5 世纪前，古希腊男性普遍蓄须，即便在这之后，哲学家和其他严肃的人依旧保留这一古老的习俗。比较年轻的男性则剃去胡子。年轻的神如阿波罗（Apollo）和墨丘利（Mercury）也被描绘成刮净了胡子的形象，而年长一些的神如朱庇特（Jupiter）和伏尔甘（Vulcan），则依然有胡须。

　　古希腊人在室内很少穿任何类型的鞋袜，贫困阶层甚至赤足行走上街。即使是富裕阶层也只穿凉鞋出门。高等妓女的凉鞋有时会镀金，鞋底会打上经过排列的装饰钉，从而使得她们所过之处能够留下"跟我来"字样的脚印。（这种凉鞋确实被保留了下来。它被发现于下埃及，但学者们认为它与古希腊高等妓女的凉鞋颇为相似。）正如无数雕塑所证实的，凉鞋是通过皮带，以不同的方式被绑在脚和脚踝上的。

18世纪和19世纪早期的古典复兴主义艺术家，很有可能被博物馆里众多的裸体雕塑所说服，认为古希腊人是裸体作战的，只用一把剑、一面盾牌和一个头盔武装自己。事实上，希腊战士身着用金属片加固的皮质**丘尼克**（图28）来保护自己，并穿护胫套保护腿部。全副武装的步兵——重装步兵（Hoplites）——和骑兵（cavalry）还头戴几乎罩住整个头部的，具有希腊特色的头盔。头盔的侧面有时还可移动，但头盔没有帽舌，只在不需要使用的情况下被推至脑后（图29）。头盔的顶部呈马鬃毛的形态，通常用马毛制成。这种效果非常地惹人注目且很好看。轻步兵穿着皮质护胫套，身穿双面毡或皮质的丘尼克并佩戴一条金属腰带。他们也穿克莱米斯，把它固定于肩上，或者在战斗中把它卷绕于左臂以阻挡敌人的打击。

　　考古学不仅打破了被长期接受的古希腊历史画面，也改变了我们对于公元前一千年里的人们在意大利半岛的生活的看法。尽管古罗马文明

图28（左）、图29（右）　花瓶画上的战士，公元前5世纪。
这两个人物都头戴盔甲，身穿丘尼克。第二个人物的头盔更有特色。而背后的盾牌，展示了它的手持方式。

为人们所熟知，但是人们几乎无法想象，罗马从一座为了生存而与邻国进行争斗的小城邦到最后变成了占据统治地位的强国，经历了多长的时间。众所周知的是罗马有一任君王叫作塔尔坎（Tarquin），但是这背后的事实却不为人所熟知，那就是在其早期发展阶段，罗马人曾被一个由伊特拉斯坎人（Etruscans）所建立的外族王朝所统治。

到底谁是伊特拉斯坎人？学者们依旧存在意见分歧。一些人认为伊特拉斯坎人可能是于公元前 13 世纪至公元前 8 世纪之间，随着持续的移民浪潮从亚洲迁移过来的。另一些人则认为他们代表了一个甚至有着更早起源的种族群体。他们与希腊和小亚细亚都有联系，而他们的服装反映了两者对其的影响。这类服装现在是重要的文献资料，大多以雕像和浅浮雕的形式被保留下来。由于我们对其文字和语言知之甚少，因而最近发现的有关雕塑和壁画，让我们能够重新构建起一个关于他们的生活方式的画面。

图 30（左）　一个伊特拉斯坎女舞者，身着一件缝制的衣服，公元前 6 世纪末。

图 31（右）　斑豹之墓的舞者，塔尔圭尼亚（Tarquinia），伊特拉斯坎人，公元前 5 世纪的前面 25 年间。

在伊特拉斯坎人进一步扩张到意大利南部后，他们才接触到古希腊的殖民地大希腊（Magna Graecia），他们的服装也开始显露出受到古希腊影响的痕迹。当然，其服装受东方元素影响所发生的改变，则反映出他们在更早的时候与克里特文明的联系：衣服既是缝制型的，也是披绕型的。我们可以追溯到这样一个演化过程，从公元前 700 年至公元前 575 年这段时期的被学者们称为**"丘尼克-罗布"**（tunic-robe，一种束腰长袍，图 30）的特色服装，到用一块半月形面料构成的**"托加"**（toga，一种宽外袍，有点像从它派生出来的古罗马托加，图 31）。这种托加有时候会以一种矩形的外衣形式存在。它被男性所穿着，而女性则穿一种没有腰带的中袖紧身长袍，有时候会在后背开缝，穿戴时先从头上套入再用缎带固定。穿在长袍外面的是一件矩形长外衣，需要时可以盖在头上。

希腊人和伊特拉斯坎人服饰之间最明显的差异是在鞋子上。到公元前 5 世纪，伊特拉斯坎人受希腊人影响而穿起了凉鞋，在这之前，他们穿的是一种显然是从小亚细亚风格的鞋子派生而来的鞋尖翘起的蕾丝长筒靴。但是，关于他们两者间如何相互影响这样一个研究领域，目前仅仅是探讨了其中的一小部分。当罗马人在整个意大利称霸后，他们便强加了他们自己的生活和衣着方式，对先前的伊特拉斯坎人文明的记忆却逐渐消失了。

不过，正如我们所知的，罗马人向伊特拉斯坎人借鉴了一种服装：托加，它后来变成了古罗马的典型服装（图32、33）。罗马形式的托加变得愈加宽大，这需要相当高的技能将其披绕于人体，并且还能有效地防止任何途径的主动效仿。因此，这种服装基本上仅适于上层阶级，特别是元老院议员，他们总是穿着白色的托加。有自由人身份的男孩在进入青春期后穿着一种在当时被称为"托加·普莱泰克斯塔"（toga praetexta）的镶紫红边的托加，在礼仪场合则会换成白色的"托加·威瑞里斯"（toga virilis）。他们在服丧的时候和一些特定的宗教仪式上穿深

色托加，有时候会把它从头上披绕下来。从大约公元100年开始，托加的尺寸逐渐变小，先是缩小成一种叫"帕留姆"（pallium）的大披肩，后来变成仅为一条布带的小披肩。在古罗马共和国早期，男性穿着一款简单的亚麻料腰布，到了古罗马帝国时期，它被一种

图32 维斯塔贞女，罗马，公元2世纪。在礼仪场合或穿着丧服时，会将一块对折的布料披在头上。

图 33　提比略（Tiberius）皇帝，公元 1 世纪。这位皇帝把托加穿在一件带袖子的丘尼克外面。

相当于古希腊希顿的缝制的丘尼克所取代。这种服装由两块缝在一起的布构成，从头上套入，在腰间用腰带收紧；长度通常及膝，只有在一些像婚礼这样的特殊场合，才会有长至地面的款式。上层阶级把它穿在托加的里面；士兵和工人则将它单独穿着。在加上长及手肘的袖子后，它被称为"达尔马提克"（dalmatic），这个名字即使在它稍微转变形式而变成一种基督教会的法衣后，也依然延用。遍身刺绣的达尔马提克被称为"丘尼卡·帕尔玛塔"（tunica palmate）。在异教徒时代，它被古罗马的纨绔子弟们穿着时，长度略略超过膝盖。

　　有些时候人们会穿两件丘尼克，贴身穿的那件叫作"素巴库拉"（subacula），靠外边的一件叫作"丘尼卡·伊克斯特里奥都"（tunica exteriodum）。后一款式从大约公元 100 年开始逐渐变长，直至脚踝，于是被称为"卡拉卡拉"（caracalla），到公元 200 年，它普及到几乎被每个人穿着。

　　由于坚守本族传统，罗马人起先对紧身呢绒格子裤（按苏格兰的称法）和蛮族部落穿着的长裤非常抵制。但他们逐渐转变了态度，由士兵们率先开始穿着。

罗马人起初留胡子，但从公元前 2 世纪起，他们开始刮净胡子，这一行为在罗马帝国时期成为了普遍的习惯，直到哈德良皇帝（Hadrian）时代，蓄须才被重新提倡。虽然当时人的头发留得很短，但这并没有妨碍相当大程度上的奢侈，纨绔子弟们用热火钳来把头发烫成一缕缕的鬈发。人们一般不戴帽子，但偶尔会戴各种样式的毡帽：被称为"派留斯"（pileus）的无边便帽，模仿希腊款式的宽檐帽，还有弗里吉亚软帽。"库库鲁斯"（cuculus）是一种兜帽，它有时附于斗篷外衣之上，有时成单件衣服。

早期的女性服装，除了一种被称为**"斯特罗费姆"**（strophium，图34）的非加固的紧身胸衣外，其余的与男性服装非常相似。然而，女性的丘尼克要比男性的款式长很多，形成一种及脚的长袍。它起初由羊毛制成，后来改用麻或棉布，再后来针对有钱人的需求而用丝绸制成。红色、黄色和蓝色都是受人喜爱的颜色，衣服有时还饰有金边和丰富的刺绣。

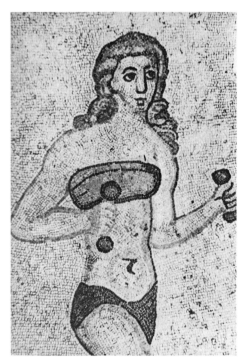

穿在丘尼克外面的"斯托拉"（stola），是一款造型类似，但带袖子的服装。用于户外，穿在斯托拉外面的一种宽大袍子，被称为"帕拉"（palla），与托加颇为相似，但它是矩形的。在公共场合，妇女通常会

图 34 西西里的"比基尼女孩"，公元3 世纪晚期。和希腊人不同，罗马人不会裸体在体育馆里锻炼，而是会以与现代颇为相似的很少的着装进行锻炼。

图35 公元1世纪的雕塑展示了各种各样的打褶样式。中间，一位正在奠酒祭神的神父，身穿一件从头部披绕的带褶的托加。

戴头纱。发饰逐渐变得愈加精致。从梅萨利纳（Messalina）时代开始，一个时髦的女子是离不了专司梳妆的女仆的。女仆们会花上数小时的时间来把一缕缕头发放入一个圆锥体中，以打造出一种被称为"托托鲁斯"（tutulus）的发型，或者一种围绕脸庞的紧密鬈发的造型。金发在当时非常流行，正如我们从奥维德（Ovid）那里得知，那些天生深色头发的女性要借助于漂色来实现。人们大量使用假发，甚至会整个头部都用假发。现存的大量的罗马帝国后期的人物胸像，向我们展示了**千变万化的发式**（图36至39），这也为当时快速变幻的时尚提供了证据，如一些女性要求将她们的头像分成两部分雕刻，以使表现头发的上半部分能换成一种更时髦的发型。

以上这一切只是愈演愈烈的奢侈风潮的一部分，讽刺作家们，如尤维纳利斯（Juvenal）把这视为国家衰退的证据。人们越来越多地佩戴各种类型的珠宝。简单的发带被外层装饰有昂贵宝石和贝壳的金银头饰所取代。男性和女性都佩戴戒指；女性还会戴手镯、脚镯、项链和耳环。

图36—图39（38页至39页，从左至右） 这四个头像展示了古罗马时期越变越精致的发型。图36（本页左），主妇或寡妇头像。图37（本页右），古希腊发型。

诗人奥维德描述道，耳环是由三排珍珠制成的。还应用到象牙和贝壳的珐琅和镶嵌技术。许多工艺品随着罗马的扩张而涌入罗马。安提俄克（Antioch）和亚历山大港（Alexandria）是当时主要的制造中心，但到了奥古斯都（Augustus）时代，许多工艺品开始由罗马本地制造。

　　装饰之风甚至蔓延到了鞋子。最初的鞋子样式极为简单：由一块未经鞣制加工的兽皮制成足部轮廓的形状，再用皮绳固定而成凉鞋。它被称为"卡尔巴绨那"（carbatina），其稍稍复杂的形式，被称为"凯尔希尔斯"（calceus），为大多数罗马臣民所穿着。奴隶被禁穿凯尔希尔斯。女性在室内穿一种被称为"索库斯"（soccus）的拖鞋，其颜色丰富多彩，有时印有图案，甚至仿效皇帝尼禄（Emperor Nero）穿着凯尔希尔斯－帕特里西吾斯（calceus patricius）的样子而被镶有宝石。高筒靴，或紧口的中筒靴有时会在恶劣的天气里被穿着。这类鞋子被称作"伽里凯尔"（gallicae），这充分证明了它们是从高卢人那里借鉴而来的。

图 38（本页左），该发型显示了埃及的影响，希腊化时期。图 39（本页右），弗拉维安时期的妇女头像，公元 2 世纪。

　　随着罗马帝国的扩张，尤其是它向东面的扩张，各种各样的外来影响变得更加明显，直到没有什么奢侈品是罗马贵族想要而不可得的了。后来，随着君士坦丁（Constantine）在博斯普鲁斯海峡建立了新的都城君士坦丁堡，政府中心也迁到了东部地区。由此，开启了古罗马服饰史的新篇章。

　　公元 7 世纪前，希腊人在博斯普鲁斯海峡的欧洲一侧拥有一个殖民地，但一千多年来，它仅仅是一个简单的军事防御中心。后来到公元330 年，君士坦丁皇帝在这里建立了他的新都城君士坦丁堡。然而，君士坦丁堡作为整个罗马帝国的首都并没有存在很久，在狄奥多西大帝于公元 395 年去世后，罗马帝国就分裂成为东罗马帝国和西罗马帝国。

　　当西罗马帝国于公元 476 年瓦解时，拜占庭，或者当时所称的君士坦丁堡，被切断了与西方的联系，而变得越来越多地受到东方的影响，当然这种影响从它建立之初就能感受到。否则，它很难自然而然地成为一个与亚洲内陆来往的贸易中心。

　　这一切很自然地导致了一种大相径庭的服装演变（图 41），这种变化被卡罗琳·G·布拉德利（Carolyn G. Bradley）巧妙地概括为："简洁的旧时罗马服饰让路给了东方的艳丽的配色、花边、流苏和珠宝。这一时代的着装观念是隐藏和遮掩身体。"（《西方世界的服装》，*Western World Costume*，纽约，1954 年）。君士坦丁皇帝自己的穿着非常不同于早期的罗马帝王。他的金色薄纱长袍上有花卉图案的刺绣。一件紫色的克莱米斯（Chlamys）被一枚镶有宝石的领针固定在他的肩上。他的颈部围有一条宽围巾，被称为"特拉贝阿"（trabea）。他穿着的丘尼克有着窄窄的袖子，有时候会换成宽袖加冕服，这两种服装都镶有珠宝，或者在衣服前面搭配一块被称为"塔布里昂"（tanblion）的长方形装饰布。头上缠有一布头带，在背部打结，但在他之后的皇帝则选用一种有珠宝

图 40　石棺，公元 4 世纪晚期。这些罗马基督徒穿着的托加明显不如前几个世纪的宽大。

图 41　拉文那（Ravenna）的一列圣女。拜占庭，约 561 年。

装饰，两侧悬挂宝石吊坠的王冠来代替。这种王冠可以从拉文那的圣维塔莱（San Vitale）教堂里辉煌的镶嵌画上很清楚地看到（图 42 至 44）。这些镶嵌画展示了在精致的背景里查士丁尼皇帝（Emperor Justinian）和他的妻子狄奥多拉（Theodora）的画像，在我们现有的关于公元 6 世纪拜占庭巅峰时期服装的文献中，它们是最有价值的。

　　任何人都会立刻被这位皇帝服饰的宗教元素所震撼。查士丁尼皇帝实际上是一位祭司兼君主，基督在世间的总督。他并不真正做弥撒，但会在神圣仪式中在祭坛上焚香，并且在某些情况下，他还会主持所有被他称作教会委员会（Council of the Church）的仪式。他的一生都受到礼拜仪式要求的约束，所有细节都被《礼书》（*Book of Ceremonies*）所规定，而且无论何时出现在公共场合，他的服装都类似于"法衣"（vestments）。同样的，所有朝臣和宫殿侍从的着装都严格地按等级和职能加以规定。在拜占庭就像在当时的中国，所有服装都是分等级的。"诱惑原则"（Seduction Principle）几乎是完全缺失的，而"功利原则"（Utility Principle）也完全被忽视了。

图 42—图 44　上左，查士丁尼皇帝。上右、下，拜占庭的华丽：皇后狄奥多拉和她的随从，500—526 年。

但是，查士丁尼皇帝既是一位祭司兼君主，也是一位东方的统治者，"万王之王"大流士（Darius）的后继者，和之后统治君士坦丁堡的土耳其苏丹们的先行者。他的皇宫是一座修道院和宫殿的奇怪混合物，云集了僧侣和太监。

另一个东方特色是选择皇后的方式。它成了一种选美比赛，女孩们从全国各地被选送进来。她们的阶级看来并不是那么重要，但是只有最美丽的候选者会在经过筛选后被留下来。皇帝自己通过给心仪的女孩一个苹果的方式，做出最后的选择。这看起来很奇妙，但查士丁尼皇帝就是用这种方法选择了狄奥多拉。狄奥多拉出身卑微，她的父亲是一位驯熊师。而且更麻烦的是：她是一名演员和舞者，其身份遭到教会的强烈反对。查士丁尼为了娶她不得不颁布了特别的立法。

狄奥多拉一被授予皇后的紫袍，就展现出了强大的勇气和不屈不挠的意志力。她努力让自己成为了一位令人钦佩的伴侣。她理所当然地与她的丈夫一样，被宗教的光辉所围绕，她的形象也同样被后人用圣维塔莱教堂闪耀着光芒的镶嵌画保存了下来。狄奥多拉穿着一件装饰有垂直刺绣布带的白色的长款丘尼克。披在她肩上的是另外一条有着金边刺绣和珍贵的宝石珍珠装饰的布带，被称作"麦尼阿基丝"（miniakis）。此外，她还穿着一件配有镶嵌宝石腰带、边缘有图案装饰的短袖长袍以及一件刺绣着麦琪（Magi）图案的紫色斗篷。她的头上戴着一顶甚至比皇帝戴的都要灿烂夺目的王冠。它被称为"斯特法诺斯"（stephanos），装饰有珍贵的宝石，两侧悬挂长长的珍珠吊坠。她脚上穿着用软质皮革做的红色鞋子，上面布满了刺绣。

从遗存的碎片看，大多为教会法衣和圣物包装布料，从中可以推断出，当时可以使用的材料非常丰富而多样。羊毛曾是帝国早期最为广泛使用的纺织品，之后它的地位被来自埃及的棉和亚麻细布以及来自中国的丝绸所代替。丝绸最初由商队横穿整个亚洲运输过来，这是一种冗长而昂贵的交易。

相传，有两位传教士受**狄奥多拉皇后**（图 44）本人派遣去了中国，把一些桑蚕装在中空的藤箱中偷运回来。这可能是历史上第一例工业间谍活动。无论如何，那些蚕成功地生长并繁衍下来，因此拜占庭得以纺织制作自己的丝绸服装。

与旧罗马服饰不同的是，新罗马服饰中最引人注目的是它的色彩。紫色专属于皇帝和皇后，但富人们可以在服装上使用其他所有的色彩。许多衣服上都饰满了动物、花卉和圣经场景的图案。据记载，在一件属于一位拜占庭元老院议员的托加上，有一个完整的图案系列表现了基督的一生。这又一次有力地证明了当时教会和平民服饰之间的紧密联系，这种联系可能在其他任何历史时期都是未知的。

虽然我们在这里不可能记述所有发生于拜占庭时期数个世纪的服装变化，但是我们有充分的证据来说明其日益加剧的东方化进程。在公元 12 世纪，波斯人的"卡夫坦"（caftan）和一种前下摆系扣的斗篷被采用。查士丁尼的敞开式冠冕被一种称为"卡美劳奇翁"（camelaukion）的封闭式皇冠所替代。从亚述（Assyria）派生过来的长袖"格拉纳查"（granatza），是一种拖至地面的长袍。从 6 世纪开始，人们有时候会戴头巾，而且，学者们指出，在 7 世纪至 9 世纪间，在帽子上反映了中国的影响。

如果说拜占庭的服饰受到了外来的影响，它自身却反而更多地为周边区域所仿效。拜占庭风格衍生的服装，甚至在君士坦丁堡衰落之后，依然被保加利亚的国王所穿着，并且被俄国统治者持续穿着至 17 世纪，直到彼得大帝（Peter the Great）打破传统并将俄罗斯推向西化改革。理所当然的，在此之前东正教会（the Orthodox Church）仪式上所着的法衣，与拜占庭时期的皇帝们所穿的并无本质的差别。

第三章　早期欧洲

在罗马国家的整个历史时期中，其所统治区域的境外围绕着蛮族，有时，他们的入侵确实是危险的。早在公元前 2 世纪，一支罗马军队就被一个确认为是条顿人（Teutons）的民族所击败。

在这一时期，条顿人还是很原始的。他们的主要服装似乎是一种由两张皮缝在一起的短的束腰外衣"丘尼克"（tunic）。后来是用羊毛或亚麻做衣料。在丘尼克里边，穿着马裤或袋形裤，这在罗马人的眼中是十足的野蛮人标志。自然，条顿人在与罗马的接触中，受到了罗马的影响，逐渐采用了类似于罗马人的服装，但衣装通常都是使用像麻类植物这样的较粗糙的材料。

到了公元 1 世纪末，另一支北方部落，哥特人（最初来自斯堪的纳维亚），已定居在 1945 年以前被称为东普鲁士的地方，而他们也对罗马文明构成了危险。公元 5 世纪，他们在伟大领袖阿拉里克（Alaric）的统帅下劫掠了罗马。东哥特人，向南推进到意大利中部；西哥特人，向西推进到西班牙及其他地区；伦巴第人，在意大利北部牢牢地站稳了脚跟。从罗马历史学家如西多尼乌斯·阿波利纳里斯的描述中，我们知道哥特人穿有袖子、边缘镶有皮毛的亚麻丘尼克，并且逐渐地被罗马化了。

一波波新的来自东方的入侵浪潮，威胁到了条顿的各个部落。匈奴源自蒙古；公元 1 世纪中期，他们已经到达了欧洲，到 4 世纪，在匈奴王阿提拉（Attila）的统帅下，直逼罗马。

在法国，高卢人不仅吸收了罗马的服装和习俗，而且也采用了拉丁语言。像不列颠人那样，他们（至少是在上层阶级）已经完全罗马化了。但是，高卢被来自莱茵河对岸的法兰克人（例如条顿人）成功入侵，到 5 世纪，在这个国家的一大片区域上，法兰克王国建立起了自己的墨洛温王朝（Merovingian Dynasty）。

如果当时控制该国的入侵者法兰克人像罗马化了的高卢人一样，烧掉死者的尸体，却没有埋葬死者的习惯的话，那我们对于法国的墨洛温王朝时期（公元 481—752 年）的着装情况就知之甚少了。给国王或其他著名人物陪葬的，有衣服、武器和他们日常生活的装备。在洛林和在勒芒发掘出土的亚麻细布衣物标本，尽管是零碎的，但说明了那时人们通常穿着齐膝的丘尼克，称为"戈内尔"（gonelle），饰有刺绣花边，用皮带束腰。在战争中，这种丘尼克由结实的材料或皮革制作，外覆金属片。这一时期的男子穿一种宽松裤"布勒耶斯"（braies）或马裤，有时长至膝部而让小腿裸露着，有时更长，用十字形的吊袜带吊住。

这个时期的女子服装，我们所知甚少。因为女性很少在墓葬中出现。不过我们从其他来源知道，她们通常穿着一件饰有绣花边的长的丘尼克，称为"斯托拉"（stola）。手臂裸露，用胸针将衣服定位在肩膀上，腰部系着皮带。一种称为"帕拉"（palla）的围巾，围在肩上。

幸运的是，新近在巴黎附近的圣德尼教堂的发现，为我们提供了更确切的信息。墨洛温王朝的皇后阿尔尼贡达（Arnegonde，公元 550—570 年）坟墓中的面料碎片，表明她在下葬时身着一件亚麻细布衬衣（chemise）并外穿一件紫色丝绸长袍。套在长袍外面的是前面开襟、袖子宽大的红色丝绸丘尼克。一条宽腰带绕过后背，低低地系在前方，用以固定丘尼克。一款长及腰间的面纱被用许多珐琅彩金扣针与丘尼克连

图45 左，帝国的四个部分［斯卡拉维尼亚（Sclavinia），日尔曼尼亚（Germania），高卢（Gallia）和罗马］朝拜奥托三世（Otto Ⅲ）。右，奥托皇帝登基，997—1000年。这些细密画展示了那一时期服饰上的明亮色彩。

接。不露趾的鞋子用黑色皮革制成，并配以足够长的鞋带缠于腿部直至吊袜带的高度。

男性和女性似乎都不戴帽子。但他们都留长发。男人和年轻的女孩披散着头发。已婚妇女则把头发绑进一种假髻里，她们还披戴面纱，面纱的式样既可以是穆斯林头巾式的，也可以是能盖住全身的款式。

在加洛林王朝（Carolingians，公元752—987年）取代墨洛温王朝后，各种条件都更加稳定了，因而奢侈的程度也随之增加。查理曼大帝（Charlemagne）在公元771年成为了法兰克人的统治者，其领土大致相当于现在的法国和德国。查理曼于800年在罗马被加冕为皇帝，其私人秘书艾因哈德（Eginhard）对他的服饰装扮有详细的描述。但我们必须仔细地分辨，哪些是他的日常服装，哪些是他作为罗马人的皇帝而不得已才穿的服装，后者极其华丽，系由拜占庭的宫廷服装风格发展而来。这并不仅仅是剪裁的问题，实际上面料几乎都是从近东地区进口的。在他的埋葬地亚琛（Aachen）存有他服装的碎片，据记载，在12世纪其坟墓被开掘时，他所有的衣着都是保存完好的。

一件加冕服穿在带袖金边的丘尼克之外，外面还穿着多层衣服，包括一件产自君士坦丁堡的锦缎，上面有大象图案置于绿、蓝和金色圆圈的花卉图案之中，一件四面镶边、每一边中间都镶有一枚红宝石的金丝织物。他脚穿金丝刺绣、绿宝石装饰的深红色皮鞋，头戴一顶璀璨的金冠，金冠上镶有宝石和珐琅饰品。

艾因哈德让我们了解到，查理曼的日常服装则要简单得多。里面是一件麻质或羊毛质的束腰内衣（under-tunic），外覆一件染色丝质边缘的丘尼克。在丘尼克外面，一件短款半圆形斗篷用领针固定于左肩，这种斗篷的冬季款会在边缘装饰皮草。他也穿"布勒耶斯"宽松裤或膝下有十字吊袜带的马裤，头戴一顶四周刺绣的圆形布帽。

在英格兰，与查理曼大帝同时代的麦西亚（Mercia）国王奥法（Offa）和在他之后的国王似乎都穿着相当简单的服装。我们从一部现存于剑桥基督圣体学院（Corpus Christi College）图书馆的彩色稿本中看到，阿瑟尔斯坦（Athelstan）国王穿着一件细金边装饰的黄色短款丘尼克、一件蓝色长袍和一条红色紧身裤；我们还从一份温彻斯特修道院的彩色土地授权书上看到，埃德加国王（King Edgar）穿着相似的服装，只是他的丘尼克变短了，并用类似绑腿的窄绑带来缠绕腿部。

同样通过彩色绘本，我们获得了关于盎格鲁-撒克逊（Anglo-Saxon）女性服装的大量信息。她们的主要服装是丘尼克或柯特（kirtle，一种女式长袍），穿着于罩衫之外，并披在头上；特大号丘尼克（super-tunic）或洛克（roc）也会披在头上，并且有时候会被拉起来盖住腰带，以展露下层的服装（在领口、边缘和袖口都有刺绣镶边）；斗篷有时候会和丘尼克一样长，并在下巴的位置系住。头发长到可以环绕于胸前并垂放至膝盖，用面纱或发带（head band）遮住。

入侵英格兰的丹麦人几乎没有对英格兰的服饰产生影响，除了丹麦男子留更长的头发并大量佩戴象征军事威力的手镯。但是挪威人的入侵就完全不是一回事了。在诺曼底定居繁衍的挪威人的后裔在这个时期已经完全地法国化了，他们甚至放弃了祖先的语言。于 1042 年登上王位的忏悔者爱德华（Edward the Confessor）有一半的挪威血统，而继承他王位的哈罗德（Harold）甚至在法国待了很长一段时间。修道士编年史家在当时就抱怨那些修短头发并且缩短丘尼克的英格兰人已然忘却了他们一贯的简约，而普遍采用了法国的样式。

尽管那些在黑斯廷斯战役（Battle of Hastings）之前被派去的英国侦探对入侵军队的描述各有不同，但这支军队全部由教士组成，他们留短发，并把后颈位置的头发剃光。为了庆祝战役的胜利，玛蒂尔达女王（Queen Matilda）和她的随从女士们一起在一条长亚麻布上进行了刺绣。这条曾被错误地称为"挂毯"（tapestry）的亚麻布，现在仍保存于巴约（Bayeux），是一件充分展现那一时期服饰的图案作品。从中我们可以看到，穿着长款丘尼克的国王爱德华正在**接见信使**（图 46），而信使穿着长度不及膝盖的丘尼克，并在外面穿着一件从头上套入的宽松的、圆形的特大款丘尼克。在丘尼克下面可以看见顶部带有装饰并能起皱的长袜，它们看起来很像之前描述过的绑腿带。绑腿带也同时被穿着，以螺旋状或十字交叉状被绑于长袜之外。

学者们早已意识到十字军东侵（the Crusades）对西欧服装转变带来的影响。的确，早在 11 世纪前，就有通过西西里岛和西班牙而与伊斯兰教世界的接触了。东方丰富的物产因此得以进入西方，但数量还是非常少的，并且除了富有的国王们之外其他所有人都无法拥有。当诺曼人在 1060 年征服西西里岛时，他们发现了一种无论在学问还是手工艺上都远先进于他们自身的文明，而其奢侈的程度，他们之前并不知晓。许多手工艺者留在了新的统治者手下工作，他们被诺曼人急切地雇用从事编织和制作珠宝首饰工作。这种雇用情况，一直到于 1220 年被加冕为神圣罗马帝国皇帝的，霍亨斯陶芬王朝的弗雷德里克（Frederick of Hohenstaufen）在巴勒莫（Palermo）建立朝廷后仍持续着。所有的艺术形式在他的宽松的法规下都蓬勃发展，而他自己在品位和衣着方面都

图 46（上） 忏悔者爱德华国王，巴约挂毯局部。11 世纪晚期。

图 47（下） 特伦斯（Terence）剧本的情景，源自加洛林王朝的手稿。这幅图揭示了历经好几个世纪的相对静态的服装样式。

图 48（对页） 十字军战士效忠，13 世纪。

更像一位东方的苏丹而不是基督教的君主。

　　在西班牙，摩尔人（Moors）在其逐步征服的地区掠夺了贵重战利品：奢侈程度远远超过当时基督教欧洲的珠宝和精致的织品。之后，十字军入侵并重新开放了与近东地区的贸易。但是离去的十字军带走的不只是东方的面料，还有它们的服装和裁剪技艺。西方女性采用了伊斯兰教的面纱，或者说至少是一块遮盖面部较低位置的包头巾。另一方面，他们开始在长袍上使用沿着边缘的纽扣来使其裹住身体，而长袍的上半部分也因此紧贴胸部。约创作于 1175 年，来自阿尔萨斯的兰茨贝格修道院（the Abbess of Landsberg）的《乐园》乐谱稿，是那一时期最有价值的史料之一。从中可以发现，长袍的袖子变得极其长，且手腕的部位特别宽大。另外，那些从 12 世纪开始修建的法国和德国教堂里的雕塑（图49 至 51），也是很有价值的信息来源。

　　对中世纪服饰的描述中有些混淆的部分，是由于无法区分长筒袜和马裤。甚至那些颇有成就的服装史学家们，如霍腾罗特（Hottenrothl）、维欧勒－勒－杜克（Viollet-le-Duc）和拉辛内（Racinet）也无法分清，两者间的

图 49　沙特尔大教堂（Chartres Cathedral）的牧羊人雕像，约 1150 年。人物穿着大众的短款丘尼克，裤装用窄带衣料制成。

图 50（对页左）　沙特尔大教堂的一位神圣的国王和王后，约 1150 年。请注意人物的长开袖。

图 51（对页右）　乌塔（Uta）夫人，瑙姆堡大教堂（Naumburg Cathedral）的创始人雕像之一，约 1245 年。

图 52　展现农民服饰的场景，约 1335—1340 年。

差别直到最近才被像多萝西·哈特利（Dorothy Hartley）和 C·威雷特·坎宁顿（C. Willett Cunnington）这样的作家解释清楚。

　　在 11 世纪，马裤或布莱（braies）是长至踝关节的裤装样式，用一根细绳穿过顶部，低低地固定在臀部。贵族穿着腿部收紧的款式，而较低阶层的人穿着宽松肥大的款式。裤装有时候与绑腿绷带一起穿着，绷带呈螺旋形地束缚或绑成一个十字交叉的图案。长筒袜，或"肖塞斯"（chausses，指长袜样的一种马裤——译注）依照腿的形状来裁剪，用羊毛或亚麻布制成，其编织方法直到伊丽莎白一世时期才被英国人知晓。在 11 世纪的时候，它们的长度仅仅及膝，顶端饰有图案，有些像现代的高尔夫球长袜。但到了 12 世纪，其长度延伸到了大腿中部，顶端被设计得很宽，使其可以被拉伸并盖在"布勒耶斯"宽松裤之上。这些长筒袜有的截止在脚踝处，有的由一个像马镫一样的带子固定在脚背下面，有的则带有一个薄薄的皮鞋底以便在室内代替鞋子。它们有时还装饰有条纹图案并有着明亮的颜色。同时，马裤在长度上缩短成可以被看见的

衬裤。当它们被在工作的劳动者穿着时，就变成了一件简单的遮臀裤。

　　12 世纪的服饰，除了丘尼克变得越来越紧身和其袖子在腕部陡然变宽之外，几乎没有什么明显的变化。最初作为大衣的一部分而存在的头巾，在该世纪下半叶演变成一种分离的服饰，与小齐肩披肩相连。帽子的样式有不少，从尖尖的弗里吉亚便帽（Phrygian cap）到类似贝雷帽的帽子，还有旅行时戴在头巾外的宽檐帽，不一而足（图 52）。在室内，男性有时会戴平纹亚麻布头巾（coif），用它盖住耳朵并在下巴下方系住。

　　大约出现于 1130 年间的紧身上衣长袍，是女性裙装的一种新式样，至少对于上流社会来说是这样的。它被设计成紧紧贴合身体直到臀部的造型，下端的裙摆很宽大，被裁剪成褶状并垂落至足部。这种裙装有时会非常长，以至形成一个拖裙（图 53）。特大号丘尼克也变得更为紧身且袖子变得更宽。面纱有时会用戴于前额上的一个半圈或整圈的金环所固定。从 12 世纪后期至 14 世纪早期，人们还会穿戴"芭比特"（babette）。它是一种穿过下巴下方并绕过两鬓的亚麻布头带。在同一时期被使用的

图 53　骑士和其夫人的精美服饰，约 1335—1340 年。

还有包头巾或饰领，用上好的白色亚麻布或丝绸制成，包裹住颈部以及胸部的一部分，并且有时会被卷进长袍的顶部，末端可拉到头顶别进面纱里，从而框住面部。

到了 14 世纪下半叶，男性和女性的服装都呈现出新的形态，而且有一些我们已经可以把它们称为"时尚"的服装出现了。以前的"基庞"（gipon），在这一时期开始被称为"紧身上衣"（doublet），前部有填充以使胸部鼓起且变得极其的短，以至当时的道德学家抨击其为下流的服装。这种衣装非常紧身，其前面的扣子一直扣到底部，皮带低低地系于臀部之上。

上层阶级在基庞之外穿着一种被称作**"科塔尔迪"**（cote-hardie，图54）的衣服。它相当于先前的超大款丘尼克，但此时变成低领和紧身，前方有扣子。下层阶级的科塔尔迪则较为宽松，没有扣子，套头穿着。

流行款式的科塔尔迪在长度上逐渐变短，边缘通常处理成扇形皱褶花边，也即被剪裁成了奇怪的样式。袖子起初在肘部很紧但之后变得宽松，宽松到可以垂挂至膝盖甚至更低。大约在 1375 年，科塔尔迪开始有了领子。

大约在 1380 年至 1450 年，一种有特色的服装叫作"胡普兰衫"（houppelande），它在晚些时候被称作"长袍"（gown）。它在肩膀的位置是合身的，但肩以下是宽松的，腰部系有腰带。它的长度很多变，正式场合的款式最长。其袖管极其宽大，有时甚至会长及地面。它有一个高立领，有时高及耳朵，且边缘被装饰成古怪的形状。乔叟（Chaucer）在《牧师的故事》（*The Parson's Tale*）里指责道："这么多戳出的洞，这么多的剪切，堆在长度多余的长袍上，拖沓在粪土和泥潭中，骑马和走路都举步维艰，不论男女都一样。"

通常情况下，女性服装并没有男性服装那么夸张。她们的主要服装是"柯特尔"（kirtle，一种女式长袍）或称长袍（gown），腰部以上为紧身，下方松散开形成一个悬挂的打褶的裙摆。袖子由于剪裁得过窄，因而下方必须使用扣子来使之成型，而且袖子非常长，延伸至可以遮住一半的手。在长袍外面穿着的衣装是科塔尔迪，袖子有着长长的饰带或披挂，有时会拖至地面（图 60）。从 14 世纪中期开始，一种新奇的在侧面有很大开襟的无边大衣成了时髦的服装。其前面的造型为一种加固的三角胸衣，被称作"普莱卡尔德"（plackard）。

紧花边的效果，作为此后很长时期最有力的时尚武器之一，在这个时候第一次开始被利用了。低颈露肩的低领，是当时的另一种革新，出现在更为色情的服装上，长袍顶部的面料被剪去，以露出一半的胸部。还有，面纱在这时被人们舍弃了，自此以后，只有修女和寡妇穿戴它们。一种长串头饰取而代之开始流行，并且变得越来越精致和奇异，一直至 15 世纪末。

我们可以从墓地塑像中看到这种发展，特别是从一张"黄铜"纪念片上（图 54 至 59）。这是一张被剪成人物形状的黄铜片，上面雕刻有死

图 54—图 56（从左至右） 来自墓碑上的黄铜拓片，年份分别为 1375 年、1391 年和 1430 年。

者服装的细节，被嵌在了一座教堂的路面上。非常奇怪的是，这样的纪念物只在英格兰和法拉德斯的某些地区被找到过。它们算是一种最有价值的文献来源，因为可以很容易地由它们来获得拓片，而这些拓片几乎可以称为中世纪晚期的时尚图片。综上所述，在鉴别年代上它们拥有不可估量的优势。

"克雷丝派"（crespine）在 13 世纪末就已经出现了，人们把它与"芭比特"（barbette）和头带（fillet）搭在一起佩戴。它属于发网的一种，但却带有几分惊人的革新，因为在先前，女性露出头发会被视作不道德的行为。之后，人们单独佩戴克雷丝派，而另一种发型则是把垂直的发辫编在脸的两侧。这两种装扮在 14 世纪的后 25 年里算是非常有特色的。

图 57—图 59（从左至右）　年份分别为 1437 年、约 1480 年和 1501 年的拓片。女士佩戴的头饰，表明了在 14 世纪晚期和 15 世纪装饰愈加精致的趋势。

同时，面纱又以一种新的形式重新出现了，那就是褶皱的面纱或者"星云"（nebula）发饰，用亚麻布半圈造型来遮住脸部。有时它由多层组成，很像 16 世纪下半叶的拉夫领（ruff），当然它不是绕着颈部而是绕着脸部。头带也有了新的造型，它用两根中空的装饰性柱条穿过梳好的头发之中。这种效果，与圆形的星云发饰正好相反，非常的有棱有角，使得脸部陷于一个框架之中。

　　同样在 14 世纪末期出现的还有"垫型"（cushion）发型，它是一种戴在发网之上的加入衬垫的发卷。头发通过一个被称作**"坦普勒斯"**（templars）的小把手绕在两耳之上（图 68）。到 15 世纪的前三分之一时期，它的一个特征是宽度变化。有时候，其造型会达到极端，原先两个坦普

图 60 《乔瓦尼（？）阿尔诺非尼和乔凡娜·萨那米（？）的婚礼》，扬·凡·艾克（Jan van Eyck），1434 年。

勒斯的宽度加在一起,使发型达到了脸的两倍宽。

角形发型大约出现在 1410 年,它有一个好似奶牛的角一样的线网构造(wire structure),上面盖着面纱。这种发型由心形(heart-shaped)发型发展而来,它的名字就很好地描述了其特点。这两种发型都是对面纱作用的尝试,使其成为一种吸引人的装饰物,但却与它原先的用途背道而驰了。以这种程度来看,同时代的伦理学家对此的谴责似乎是合乎情理的。

该世纪下半叶见证了许多的变化。头饰不再是横向的,而开始向高处发展,而且有时也同样很极端。填充有衬垫的香肠形(sausage-shaped)发卷,先前年代的初始造型是在前额形成一个"U"字形,在这时变得更加细长并向后倾斜。同样的情况也发生在"头巾式"(turban)发型和"烟囱管帽"(chimney-pot)发型上(它们在当时并不叫这些名字,这是

图 61(左)、图 62(右) 伊萨尔·凡·梅科内姆(Israel van Meckenem)的雕版画展示了约 1470 年的意大利人(左)和约 1485 年的北欧人(右)的时尚。请特别注意女性头饰和男性鞋履的区别。

图 63　薄伽丘·阿狄玛丽（Boccaccio Adimari）的婚礼。佛罗伦萨，1470 年。可能来自一个卡索奈长箱（cassone）或嫁妆箱（dower-chest）。里里派普兜帽（liripipe hood）已经发展成为一种帽子（上图右），成为了官员服饰的一部分。

当代学者尝试描述它们而加的标签）。后者附带的面纱与顶端相连接。

　　法国人更喜欢戴"埃宁帽"（hennin）或选择"尖塔"（steeple）发型。而在英格兰，人们选择截锥形的发型，因此和"烟囱管帽"发型没有很大的区别。或许用"花罐"来命名更好。所有发型中最令人惊叹的是"蝶式"（butterfly）发型。这是一个包裹住头发的发网，上面附有一个小帽子或衬板（caul），在头顶上高高竖起，撑起蝴蝶翅膀造型的精致面纱。一直

到大约 1485 年，它都非常流行。

　　男性服装在 15 世纪下半叶有了许多发展。其主要服装依然是紧身上衣，但它可以是极短的款式，短到需要加褶（codpiece）才行。它在当时还发展出一个高立领。科塔尔迪被外套（jacket）或短上衣（jerkin）所取代，款式越来越紧身，而且带有垫肩，使得体形显得更宽。袖子大多为宽袖，有时是可拆卸式的。

图 64（上左） 乌尔比诺（Urbino）公爵夫人，皮耶罗·德拉·弗朗西斯卡（Piero della Francesca）（1473 年后）。

图 65（上右） 红衣仕女画像，佛罗伦萨，约 1470 年。

图 66（下） 苏格兰王后，丹麦的玛格丽特（Margaret of Denmark），被认为是雨果·凡·德尔·高斯（Hugo van der Goes）所绘，1476 年。

据说人们是为了模仿古典雕塑而修剃了眉毛和前额的头发。

图 67（上）勃艮第公爵（Duke of Burgundy）好人菲利普，接收一本《埃诺编年史》，佛兰德人，1448 年。

图 68（下）克里斯汀·德·皮桑（Christine de Pisan）向法国王后巴伐利亚的伊莎贝尔（Isabel of Bavaria）呈现她的诗集，法国，15 世纪早期。女士的头饰有两种形式：角形（à cornes）和用针把面纱在面前提起固定。

吾普朗多（houppelonde）在这时被称作"长袍"（gown），为年长的男性、医生、地方法官等所穿着。它以竖直打褶形状长及脚踝，前面用钩眼扣扣牢。这种款式系腰带或者不系都可以，袖子通常非常宽大，其低低垂下来的形态被称为"法衣袖"（surplice sleeves）。长袍通常有包边，有时会饰以皮草。

男性的帽子在此时有了很显著的变化。大约在 1380 年之前，带有长尾（liripipe）的兜帽一直被普遍佩戴。之后，有人想出了聪明的点子，把头塞进了原本是留给脸部的兜帽的开口处，垂下来的边缘部分绕着头部，形成了头巾的样式，并尝试恰当地穿戴长尾兜帽。好人菲利普［Philip the Good，菲利普三世（勃艮第公爵）］所戴的头饰，就是这样的造型。

由这种款式发展而来的风帽（cowl），有一个圆形加衬的发卷，且有一个用褶皱材料制成经裁剪的装饰性饰领（gorget）与发卷相连。其效果与之前提到过的头巾（turban）很相似，但它可以说是"现成的"，不需要任何安排且可以不费力地穿着和脱下。风帽有一段奇怪的历史。它有时候被戴在肩膀上而不是在头上，而且在这个位置时会缩小变成制服的象征。最终它变成了 19 世纪马车夫帽子上的花结。

帽子在 15 世纪中期发展很快，呈现出许多的形状。有些为平顶窄边的款式，有些则是高顶无边的款式。帽子顶部呈锥形或如气球般向外膨胀。有一种类似土耳其毡帽（Turkish fez）（通常为红色）的帽子，可在当时的许多绘画作品中看到。有些帽子和当代的圆顶礼帽很相似，有些则带有羽毛装饰。到该世纪末时，人们戴的是一种带有单枚珠宝装饰物的翻边低顶圆帽。

在 1480 年代前，男性鞋子的鞋形都非常尖，有些时候会达到不可思议的程度。这种趋势早在 1360 年就出现了，但遭到了教会和民间权威的反对。爱德华三世（Edward Ⅲ）国王甚至颁布了一项禁奢令，规定"效忠于领主的骑士、绅士或其他任何人不得穿着带有长度超过 2 英寸的尖头的鞋子或靴子，违令将罚款 40 便士"。但这和其他所有禁奢法令一样，完全不起作用，因为其所属地区的"尖头"有时候能达到 18 英寸甚至更长。那样的鞋子被称作"克拉科夫"（crackowes）或"波兰那"（poulaines），分别是对克拉科夫和波兰这两个地名的传讹。波兰在当时是波希米亚王国的一部分，而那鞋子的名字来源是因为英王理查德二世（Richard Ⅱ）娶了波希米亚的安妮（Anne of Bohemia），而她的随从来到英格兰时穿着鞋头极其尖的鞋子。这种极端的时尚风格一直持续到大约 1410 年，而尖头鞋的某些款式在都铎时期到来之前一直都很流行。这其中暗藏的时尚变革将在下一章里讨论。

图 69　波兰那或克拉科夫的极端形式，引自《英格兰编年史》（*Chronique d'Angleterre*），佛兰德人，15 世纪。

第四章　文艺复兴时期和 16 世纪

　　北哥特式的时尚风格和其他艺术形式从未完全被意大利所接受，而且到了 15 世纪中期，意大利风格已经很明显地与其他的中世纪欧洲风格背道而驰了。以发饰的样式来举例，**凡·德·维登**（Van der Weyden，图 70）画中的荷兰时髦女子和**基尔兰达约**（Ghirlandaio，图 71）画中的意大利时髦女子是非常不同的。北方地区流行在经填充的精致发型上面披面纱，而在意大利则流行更为自然和不那么正式的发型，但拉高发际线以塑造出高额头的造型在当时是普遍流行的。袖子的裁剪也存在差异，北方流行贴合式，而意大利流行蓬松式，有斜边开口，可以看见里面的白色衬衣。袖子经常被设计成可拆卸式，且被装饰得很考究——反映出意大利城市商业繁荣带来的飞速增长的奢侈之风。

　　毫无疑问，入侵意大利让法国国王查理八世（Charles Ⅷ）把意大利的时尚风格带给了法国，但通常情况下这种影响体现在其他方面。可以这样说，文艺复兴运动的传播由此而越过了阿尔卑斯山脉，如果查理八世仍然算一位中世纪的国王的话，那么**弗朗西斯一世**（Francis Ⅰ，图 80）已经是一位文艺复兴时期的君主了。

　　同时期的英国君主是亨利八世（Henry Ⅷ）。可以确定，从他父亲亨

图70（上左）女士肖像，罗杰尔·凡·德·维
登，1455 年。

图 71（上右） 乔凡娜·托尔纳博尼
（Giovanna Tornabuoni），多梅尼科·基
尔兰达约，1488 年。

图 72（下） 纽伦堡家庭主妇和威尼斯女
士，丢勒素描，1495 年。

这三幅画展现了欧洲北部与意大利之间
的发型和服饰的变化。罗杰尔·凡·德·维
登画中北方女子非常精美的头纱和黑色
项链都很明显地受到了意大利的影响。

图73（左） 帝国的银行家"富人"雅各布·富格（Jacob Fugger）和他的总会计师马特乌斯·施瓦茨，1519年。

图74（右） 德国雇佣兵（Landsknecht），约1530年。极端样式的裂缝服装（slashings），它本是德国雇佣兵的服装，但却影响了整个欧洲的男性服饰。

图 75　瑞士卫兵，《博尔塞那的弥撒》（*Mass at Bolsena*）局部，拉斐尔，1511—1514 年。

利七世的统治时期，就已经能看到许多对中世纪服饰的改变。服装的线条从垂直方向转向水平方向，过度拉尖的鞋子变成了圆头，好似在效仿顶部平缓的新式拱形建筑。女性的发型不再复制哥特式的尖峰形状而开始变成类似都铎王朝时期的窗户形状。此外，随着新世纪的到来，一种新奇的德意志风格开始影响法国和英国的时尚服饰。

　　关于这种奇怪发展的记载有很多，但当代的记录者们几乎一致地把它归因于瑞士人在 1476 年格兰森战役中对勃艮第公爵（Dukes of

Burgundy）"大胆的查理"（Charles the Bold）的胜利。数不尽的丝绸和其他昂贵的面料作为战利品涌向了胜利的一方，他们把这些战利品剪成布条来修补他们本身破烂不堪的衣服。通过效仿德国雇佣军的瑞士军队，这种时尚被传播到了法国的朝廷，它可能是由拥有一半德国血统的吉斯（Guise）家族引入的。而亨利八世的妹妹玛丽与法国国王路易十二的婚姻，也使得英国接纳了"雇佣军的时尚"。

　　裂缝服装（即在衣服面料上剪出细长裂缝，让内衬从中露出，图76）确实在16世纪初期变成了几乎最普遍的服装；而在德国它更是到达了夸张的极端，不仅是紧身上衣，连臀部都被设计成裂缝，这的确很符合字面意思，"剪成碎片"。下半身的服装以宽布条面料构成，长至膝盖，有时会直至踝关节。布条被仔细地排布在腿上以形成不同的样式，甚至还可以由不同的颜色来组成。根据史料记载，"男士紧身裤按德国风格制

图76（左）、图77（右）《萨克森的亨利公爵和他的妻子》，卢卡斯·克拉纳赫（Lucas Cranach），1514年。男子服装的裂缝装饰与女子服装上的丰富装饰相匹配。

图 78（左）、图 79（右） 拉夫领（ruff）发展的两个阶段：左，《凯瑟琳娜·克诺伯劳》（*Katherina Knoblauchin*），康拉德·法伯尔（Conrad Faber），1532 年。右，《不知名男子画像》，巴尔托洛梅奥·威尼托（Bartolommeo Veneto），1540 年之前。

作，一边（腿）是黄色的，另一边是黑色的，塔夫绸裂缝有 16 厄尔长（旧时英国等欧洲国家量布的长度单位，1 厄尔等于 45 英寸，约等于 1.14 米——译注）"。

　　裂缝装饰也蔓延到了女性服装，但却从来没有像男装这样流行。这种夸张的时尚更适用于马裤而不是像裙子这样大面积的布料。的确，这一时期的女性服装要比男性服装适度得多。但是，她们的裙子却更加宽大且拥有比早期更精美的刺绣（图 77）。长裙由缝制在一起的裙子和紧身上衣构成，在它的外面，会穿一件紧身的但腰部以下有着丰富褶皱并长及地面的长袍。正如我们从荷尔拜因（Holbein）的肖像画里看到的那样，袖子从窄款变成了有深翻折皮草的非常宽大的款式。男装和女装都会大量使用皮草，其中猞猁、狼和黑貂皮是最受欢迎的。女装衣领为方形低领口，上方露出无袖衬衫的边缘（图 81、82）。在这个世纪初期，男装也是低颈露肩的，从领口处露出里层的衬衣（图 79、80）。衬衣中有一根细绳穿过，当绳子抽紧时，我们可以看到该世纪后半叶的拉夫领在此

图 80 《法国弗兰西斯一世》，被认为是弗朗索瓦·克卢埃（François Clouet）所画，16 世纪早期。

图81（左）、图82（右） 《巴伐利亚的海伦》，汉斯·肖普菲尔，约1563—1566年；《简·西摩尔》，荷尔拜因，约1536—1537年。此两图所示为方领口袒胸露背装，并显示了德国与英国头饰样式之间的差别。

时已经初具雏形了。

主要的男士服装为紧身上衣（doublet），有时会长至膝盖，前面有一个开襟，以露出下体的盖片（图83）。袖子逐渐变得越来越宽，通常是拼接和裂缝的款式。有些时候，双层袖子也会被穿着，其中一对松松地垂挂着，而且两对袖子会使用不同的颜色。在当时，最受欢迎的面料是天鹅绒、缎子和金丝织物。从亨利八世的服饰档案里可以看到，他曾有一件镶有金银丝和全身缝制珍珠的紫色缎面紧身上衣。在紧身上衣外面，是短上衣（jacket）或无袖短上衣（jerkin），有时是双排扣，有时是闭襟，用蕾丝或扣子装饰；外面再穿着长袍，长袍肩部蓬松，长至足部的下摆有丰富的褶量，并常以皮草饰边。

男士下装由缝制在一起的马裤和长裤构成。其顶部与短上衣以穿孔的方式相连，例如，用蕾丝穿过两件衣服的孔眼并打蝴蝶结固定。这些

图 83 《亨利八世》，荷尔拜因学校。宽肩和下体的盖片体现了阳刚风格服饰的顶峰。

小孔用亚麻布或丝绸线包在被称为"金属小箍"（aglets）的金属饰物上制成。鞋子起初被设计得特别宽大，制成一种被称作"鸭嘴"（duck-bill）的形状。后跟为平跟，鞋底采用皮革或软木片，鞋面采用皮革、天鹅绒或丝绸（图 83）。鞋子经常被设计成裂缝式或用珠宝装饰。

帽子在室内和户外都会戴，绝大多数是一种柔软的低帽款式。有时候，这种帽子会有一圈可在前部翻起并用珠宝固定的帽檐；或者帽檐在前面切掉而两边保留以翻下遮住双耳。帽檐有时会被设计成各种类型的裂缝式。旅行者和乡村居民还会戴一种宽边帽。一种系在下巴下方的亚麻布头巾，稀奇地从中世纪保留了下来。在 16 世纪，它仅仅被年长者或者律师和其他专业人士所穿戴。男性留长发，且在亨利七世统治时期和亨利八世统治的早期并不蓄须。但在 1535 年时，根据斯托的年鉴（Stowe's annals）记载，"国王下令朝廷中的所有人剪短头发，并以自己剪短了的发型作为范例，而且自此以后他的胡须再也不修剪了。"有人认为，这是他追随法国国王弗朗西斯一世所开创的时尚潮流。

历史上许多著名的肖像画都出自 16 世纪：只要提及荷尔拜因、布隆奇诺、提香这些名字就知道了。但是这些画家的绝大部分画作都是在描绘那些穿着极其豪华服装的大人物。如果想要了解普通一些的服装样式，我们则应该去关注德国的细密铜版画家们，例如阿尔德格雷弗尔（Aldegrever）、贝哈姆兄弟（the Beham brothers）、约斯特·安曼（Jost

图 84 约斯特·安曼画中的服饰图样展示了德国中产阶级的服饰，约 1560 年。

Amman）和维吉尔·索利斯（Virgil Solis）。贝哈姆兄弟为我们展现了农民的服饰，阿尔德格雷弗尔描绘了贵族，而**约斯特·安曼**（图 84）让我们很好地了解了中产阶级的日常生活。

这些农民和中产阶级的服装自然不会像宫廷圈里的服饰那样奢侈。但是，所有富裕的居民都拥有一种形状像法衣（cassock）但通常没有袖子的大衣，它被德国人称作"夏吾贝"（schaube）。如果它是带袖子的款式，人们则并不把手伸进袖子，而是让其垂挂在里层服装露在外面的袖子的后面。夏吾贝的边缘通常会装饰有皮草，成为一种典型的学者服装。路德（Luther）曾穿着这种服装，并因此规范了沿用至今的路德教会神

图 85（对页）《大使》，荷尔拜因，1533 年。

图 86 《托马斯·克兰默》（*Thomas Cranmer*），格哈特·弗利克（Gerhardt Flick），1546 年。

职人员的服装。在英国，**托马斯·克兰默**（Thomas Cranmer，图 86）穿过一种类似的服装，而他这种脖子上加上项链的款式变成了市长服装的原型。这种有袖服装袖子的退化，在今天的学位服中仍可以看见。

在 16 世纪上半叶，上流社会的服装颜色极其明亮。我们从亨利八世的服饰档案里可以发现，他拥有的服装包括蓝色的和红色天鹅绒镶金丝边的紧身上衣。1535 年，托马斯·克伦威尔送给他的国王陛下一件用金丝刺绣的紫色天鹅绒紧身上衣作为礼物；而国王的一些衣服因为镶嵌了钻石、红宝石和珍珠而非常沉重，以至于无法看到底层的布料。

红色是最受喜爱的颜色。在著名的曾被认为是荷尔拜因所画的萨里伯爵肖像画中，这位年轻的贵族浑身上下穿着各种深浅不一、层层叠叠的深红色服装。在克拉纳赫为德国王子们所画的肖像画中，几乎所有人都穿红色，而且即便在有禁奢令的情况下，中产阶级依然敢在最大程度上效仿他们的装扮。曾有一个关于人类愿望的古怪评论发生于德国农民战争期间，当时叛乱分子的其中一个诉求便是，他们应该和他们上层的人一样获得穿红色服装的许可。

图87 《查尔斯五世皇帝和他的狗》，提香，1532 年。

图88（对页） 《西班牙皇后奥地利的安妮》，桑切斯·科埃略，1571 年。拉夫领的发展更进了一步。

在这之后，大约在 16 世纪中期，一切都被改变了。曾经以明亮色彩和新奇廓形主导欧洲时尚的德国风格，被紧身、色彩阴沉、尤其推崇黑色的西班牙风格所取代。这其中一方面是因为**查尔斯五世皇帝**（图87）的个人喜好，他以衣着严肃而著名；另一方面则是由于西班牙不断上升的国力。1556 年，菲利普二世继承查尔斯五世的王位成为西班牙国王，西班牙朝廷在此时成为整个欧洲所钦佩的榜样。甚至连法国国王亨利二世都为了追求西班牙式时尚而几乎只穿黑色衣服。

在英格兰，穿着阴沉色调的倾向在亨利八世统治的末期就已经可以看到。继位的少年国王爱德华六世（Edward Ⅵ）不大可能受到这种时尚趋势的过多影响，而在他死后，玛丽·都铎（Mary Tudor）登上王位，强化了这一潮流。她和西班牙国王在 1554 年的婚姻彻底完成了这场时尚革新。虽然在来英国的火车上，西班牙朝臣的装扮在英国人看起来很奇怪，但英国人很快就让他们自己都穿上了类似的服装。甚至在**伊丽莎白**（图93）取代玛丽，甚至在英格兰与西班牙发生战争的时候，西班牙时尚依然持续，而且可以看到，它在几乎没有改变的情况下一直持续到该世纪结束。

这种新时尚与之前的时期相比，不仅仅在色调上，或者说在色彩上

图 89（左）　《裁缝师》，乔瓦尼·巴蒂斯塔·莫罗尼，约 1571 年。中产阶级服装一例。

图 90（右）　《男青年画像》，安吉罗·布龙齐诺，约 1540 年。从上流社会的服装上可以明显看到西班牙风格的影响（参见图 91）。

有所匮乏，而且在剪裁上有着明显的差异。康宁顿（Cunnington）把这种新风格的特征归纳为"夸大，细腰和针织的引入"（《英国 16 世纪服装手册》）。夸大是指为了表现膨胀感而在紧身上衣和长筒袜中用了填充物，同时，所有的折边和褶皱却被消除了。填充物由破布、棉束、马毛、棉花，甚至麸皮构成，即使有时因为衣服撕裂而使得麸皮漏出而引发灾难性后果。这种束腰上衣胸部以上的夸张效果和马裤之外的填充效果，自然地使得腰身看起来更为纤细，而细腰的效果还会因腰部收紧系带而显得更明显。短小的马裤，特别是宽松短罩裤（trunk hose），展现出相当膨大的腿，而针织的引入则让裤装与以前其他样式相比，大大增加了腿部的贴合度。

　　这些服饰所表现出来的效果，是一种新的刚性和傲慢，反映了西班牙朝廷拘谨而自负的礼节。当服装看起来似乎要表现一个男人的个性，甚至是他自己的幻想时，存在于该世纪早期服饰上的自然流畅的线条便

图 91　《皮埃尔·古特》，弗朗索瓦·克卢埃（François Clouet），1562 年。

图 92（左）《英国女王玛丽一世》，安东尼斯·莫尔（Antonis Mor），1554 年。

图 93（右）伊丽莎白一世的《彩虹肖像》，约 1600 年。

消失了。男性在这个时期看起来更希望表明自己拥有的贵族社会地位的身份。他们把自己保持笔挺地穿进装有填充物的僵硬的服装里，这种服装已成为了名副其实的胸甲（cuirasse）。艺术史学家们指出，遍布欧洲的所有宫廷肖像画都将他们表现的主体呈为站立的姿态，一脚前立的站姿显示出一种自负的回退，僧侣式的和拘谨的态度。而这种效果随着拉夫领的盛行而愈演愈烈。

我们已经注意到，抽带穿过衬衣的上边缘而衍生出拉夫领。只是为了使带子能够绕着脖子抽紧，早期的拉夫领就形成了。到了 1570 年代，它出现在紧身上衣的高立领之上，使得头部高高地亮出而呈现一种蔑视的态度（图 94、95）。不言而喻，拉夫领是贵族特权的标志。这一男性服装潮流的极端范例表明了其着装者不需要工作，或者起码不用被牵扯进费劲的劳务中；在该世纪的进程中，拉夫领演变得越来越大，大到实在很难想象它们的穿着者是如何把食物送进嘴里的。

拉夫领是服饰里一个具有"等级"元素要素的例子。女性也会穿着，但是女装还有另一个元素值得一提，那就是"诱惑原则"。正如其名，那是一种展现穿着者的女性魅力的尝试，例如，低颈露肩低领（décolletage）的使用。女性因为希望展现其社会地位而穿着拉夫领，她们同时也希望保留女性的迷人魅力。"伊丽莎白一世的妥协"（Elizabethan compromise）是指把拉夫领的前面打开，以袒露胸部，并且让拉夫领在头部后方以薄纱翼状耸起（图 93、95）。我们可以通过同时期的伊丽莎白女王的肖像画，非常清楚地看到这种款式。

帽子的垂直线条效果在此时成了时尚的主流，并因为人们对贝雷帽的放弃（虽然根据 1571 年的议会法案，规定学徒依旧要穿戴它们）而更加受到推崇，由此发展出各种各样的帽子。一些帽子事实上是高冠的软帽，它们有时会用硬麻布来加固；另一些真正的帽子用硬朗的或经强化的材料制成。其中有一种被称为"科帕替恩"（copotain）的帽子，有一个圆锥形的冠，另一种变体则很像现代的圆顶礼帽（图 98）。它们可以用海狸毛、毡或皮革制成，而且如果需要的话，还可以在帽圈上装饰羽毛和珠宝。受到地方法官和专业人士的影响，当时也有宽檐帽和平顶帽。那些头戴平顶帽的人——伊丽莎白时期时髦的青年男子，几乎每天都把这种帽子斜戴着或戴在头后方。

女性也开始戴帽子，从而取代了她们在相当长的时间里所戴的头巾和软帽。起初，帽子主要适用于骑马和旅行。它们与男款相似，只是稍小一点，通常戴在亚麻布头巾之外。但是，当女性发型变得越来越精致后，这种头巾便渐渐被舍弃了。女性发型最常见的是把头发向后编成辫子藏在头后部，但前面的头发依旧能被看见，这种显著的变化可以在这一时期的人像画中看到。到了 1570 年代，头发被梳成中分，在鬓角位置打理得很蓬松。之后，发型又重新向后梳起并盖在一个衬垫之上，到最后发型被抬高到需要用金属丝来支撑，被称作"帕丽西德"（palisade）。伊丽莎白女王开创了把头发染成红色的潮流，许多女性也和她一样，都认为使用假发是必要的。女王在晚年时戴着假发示人。

图 94（下）《诺伊堡公爵夫人玛格达琳娜》（*Magdalena, Duchess of Neuburg*），曾被认为是彼得·坎迪德（德·维特）[Peter Candid（de Witte）] 所画，约 1613 年。17 世纪早期精致的三层拉夫领。

图 95（上）《在布莱克法尔的伊丽莎白女王》，马库斯·格瑞兹（Marcus Gheeraerts），约 1600 年。

作为 16 世纪下半叶男性服装的明显标志，硬挺的风格在女性服装里甚至得到更显著的体现。位于女性上身前部的三角胸衣，用硬麻布或纸板来加硬，并用通常不易弯曲的木质材料来固定。裙子用裙撑（farthingale）来塑造出膨胀感。它的发源是众所周知的。它曾是"西班牙式裙撑"（Spanish farthingale）或"vertingale"，而它的最初形式，是用金属丝、木条或鲸骨撑大构成，向底部不断扩大的衬裙，因此在结构上非常类似于 19 世纪的裙衬。这种裙子于 1545 年首次出现于英格兰，不久，除劳动妇女外的其他所有的女性都穿上了它。

"法式裙撑"（French farthingale）出现于 1580 年，它更像是一种宫廷服装。被称为"轮式裙撑"（wheel farthingale），这算是对其整体效果的一种形象的描述。当穿着者站在轮轴中间，轮轴与外部边缘相连的裙

图 96、图 97（对页左、右）伯里夫人米尔德里德的三个孙女和儿子，位于其威斯敏斯特庄园的墓地，1589 年。小女孩的头发被放入一种假鬓里。雕塑具有让我们从背面来了解拉夫领的优点。

图 98（右）《英格兰记》（*Description of England*）里中产阶级和仆人的服饰，16 世纪晚期。

子可以垂直落到地面上。在著名画作《在布莱克法尔的伊丽莎白女王》（图 95）中，女王和其他贵妇们都穿着异常不合身的衣服，这让她们看起来像是木马一样。与之非常相似的“意大利式裙撑”，用金属丝或鲸骨制成，后部用垫子稍微加高，像是一种早期的后腰垫。裙撑的宽度最大可以达到 48 英寸。

流行在宫廷之外的时尚是“卷形裙撑”，俗称“屁股卷”。它由一个形似猪肉肠或煮香肠的用布料填充的卷轴构成，两端在身体正面用粘带接在一起。到该世纪末，这种样式已不再流行，这由本·琼生（Ben Jonson）《打油诗人》（*The Poetaster*）里的一个角色就能得到证实：她谈论到她已经“贬低”自己穿“那些屁股卷”，而不是鲸骨裙。

除了这身由紧身上衣和裙撑撑开的裙子合在一起的服装外，女性在当时的主要服装还有长袍，它从合身的肩部位置开始打褶下垂，在前面留出空间，使得里层裙子的下半部分可以被看见。蓬松的袖子止于肘部，

图99（对页）《鲁本斯和他的妻子伊莎贝拉·布兰特》，鲁本斯，1610年。这位画家穿着新式的大翻领，而他的妻子穿着拉夫领，其胸衣用硬钢丝固定。

图100（右）《藏书家西格蒙德·费拉班特》，J. 塞德勒（J. Sadeler），1587年。中产阶级学者的服装。

以显露出内袖。

　　有些时候，人们会穿着连接上层袖子的，长款退化的悬饰袖。其他在这一时期出现的服装还包括：看起来像宽松夹克的保暖外套，像宽松长袍的连衣裙，以及款式类似于先前但袖子更为宽大的法衣。人们在旅行时穿着斗篷，也穿一种称为"保卫"（safeguard）的衣服，它像一条用朴素面料制成的套裙，兼用于保暖和保护长袍上的昂贵饰品。

　　男性的服装也开始变得丰富多样（图102、103）。紧身上衣依然是绅士衣橱里的主要物件，穿在它之外的可以是短上衣或夹克，通常都没有袖子。斗篷是这一时期不可缺少的，但它不再是先前时代的长款而变成了短款斗篷，而且有时只穿在一只肩膀上。虽然这种款式在最初是一

图 101　法国国王亨利三世的宫廷舞会，16 世纪晚期。

种骑马时穿的斗篷，但在 16 世纪下半叶期间，在户外和室内都被穿着。这种斗篷用昂贵的材料制成，而真正时髦的男子需要三件斗篷，早中晚各一件。斗篷有时有立领，有时还配有披肩，通常为天鹅绒材质。

　　男性还会穿一种称作"卡索科"（cassock）法衣的服装，这是一种宽松的长至臀部的夹克，一种宽袖的宽松长袍（gabardine）。但伊丽莎白时期绅士的衣橱里面最新奇的物品还是"mandilion"或"mandeville"。关于它们，康宁顿（Cunnington）描述得非常到位：它起初为军用服装，是一件宽松的及臀立领外套。悬式"外衣"袖（后期为假袖）。侧缝张开，产生一个由前至后的衣片，扣子仅从颈部扣到胸前，从头部套过。但是人们常常"以科利·韦斯顿（Collie Weston）的方式"穿着，换言之，错误地穿着它，因为在柴郡的话语中"科利·韦斯顿"是指出错的事。这种服装就因此被侧向穿着，前后衣片被垂挂在肩上，一只袖子挂在前方，另一只垂在后面（图 103）。（《16 世纪英格兰时装手册》）

图 102（左）　《克里斯托弗·哈顿爵士》，匿名，年份不详。

图 103（右）　《沃尔特·罗利爵士》，匿名，约 1588 年。

　　男性下装在该世纪下半叶发生了一个奇怪的变化。普通的宽松短罩裤此时被套上了"饰圈"（canions，图 95）。它们（通常用另一种不同的面料制成）作为马裤穿在宽松短罩裤之下长及膝盖。长袜可以穿在外面，因此我们或许可以说，中世纪的紧身裤此时分为了三款分开的服装。

　　真正的马裤，如果我们要这么称呼的话，是和宽松短罩裤连在一起的。它们被设计成了各种各样的形式。其中"威尼斯式"是一种袋状马裤，在膝盖下方用扣子或针固定。马裤大约出现于 1750 年，但是在该世纪的最后 20 年才变得非常流行。当它们变成非常宽松的款式时，会被称为"灯笼裤"（galligaskins）或"加斯科因"（gascoynes）或"宽松裤"（slops）。

　　为了配合这样的裤装款式，长筒袜成了人们所需要的一种新的重要服饰。长筒袜起初由沿对角线剪开的布料制成，大约在 1590 年之后，它们很快地被针织的袜子所取代了，有时袜子也用丝绸制成。有些时候，长筒袜会使用明亮的颜色，其中黄色最受喜爱，而且常常装饰有彩色丝质的花边甚或饰有金线（图104）。它们被吊袜带以不同的方法吊起：用简单的丝带（可能会饰有金线甚至宝石）系在膝盖下方，在侧面打蝴蝶结（图95）；或用十字吊袜带，但完全不像许多莎士比亚戏剧的制作人所想象的那种样子，满腿遍布花格刺绣。十字吊袜带是从1560年后开始流行的，它是一截在膝盖下方包围腿部的丝带，在后方交叉，又向前绕回并在膝盖下系上蝴蝶结。

鞋装由鞋子或靴子构成。鞋子为普通的圆头形状，在该世纪末期开始有跟，可以用牛皮、丝绸、天鹅绒或素色布料制成（图104）。鞋底使用牛皮或软木。有跟的鞋子和拖鞋用于室内。靴子之前只在骑马时穿，到该世纪最后25年时才开始用于日常穿着，甚至可以穿于室内。时髦的靴子款式是贴身且长及大腿的，其顶部有时会以不同的方式翻下来。之所以能制造出这样的靴子是因为当时在起源地科尔多瓦（Cordoba）皮革制作工艺的进步。我们的英语单词"cordwainer"的意思就是从这座西班牙城市学成制靴手艺的人。

受到伊丽莎白风格推崇者们追捧的高品质皮革手套，也产自西班牙，而英格兰直到约1580年才开始生产手套。当时最常见的形式是长手套，通常饰有金边或流苏。它们也可以撒上香水，通常被握在手中或者卷在腰带里。优雅的绅士还配戴一块手帕，手帕用上等亚麻布制成，上有绣花或边缘饰有蕾丝。在16世纪末期，欧洲上层阶级的服装和配饰在精致程度上确实已经达到了令人惊叹的程度。

图104（对页）　《多塞特伯爵理查德·萨克维尔》（*Richard Sackville, Earl of Dorset*），艾萨克·奥利弗（Isaac Oliver），1616年。人物身着传统服饰，衣领样式介于拉夫领和翻领之间。

第五章　17 世纪

正如我们所了解到的，西班牙在整个 16 世纪下半叶里引领了主流的时尚风格。这种影响在进入 17 世纪后依然延续，但却有了一些调整，比较明显的是紧身上衣不再是塞满填充物和带钢丝的"豌豆夹"款式，而袖子也变得越来越宽了。同样的，拉夫领在法国和英国演变得越来越小，但在荷兰却依旧往更大的趋势发展。

在这个世纪初期，紧身上衣带有由许多重叠的裙襻构成的短裙下摆，但从大约 1610 年开始，裙襻变得更长，且在前面呈弧线向下弯曲，以至形成一个尖角。这种款式带有一个前面系扣的高立领，但通常会被拉夫领遮住。拉夫领从上个世纪延续了下来，但是有了一些改动，有时呈现为双层或三层的管形褶裥，使用"造型棒"上浆的方式来使其硬挺。拉夫领通常是白色，但有时也会是黄色。尽管浆粉的发明被清教徒道德学家们谴责为新的虚荣心，但它至少让拉夫领省去了先前所需的金属丝撑圈或"下部支撑物"。

在法国，与亨利三世正好相反，亨利四世的品位就很简朴。这并不意味着他是一个拘守礼节的人，其著名的绰号"风流的人"（le Vert Galant）就取自他的恋情；但他并不愿意在服装上夸张奢侈，他颁布了一些禁止奢侈的法令，其主要目的是在于阻止进口外国制造商的昂贵面料。这当中受到最大影响的是中产阶级的服装，他们开始穿着用羊毛制成的衣服。朝臣们依然穿丝质服装，只是减少了金银线的装饰。

这一时期的女性服装依然精致，却更为自然，因此女性的身体没有像之前因束腹和使用累赘的裙撑那样过于变形。女性也因由拉夫领到翻领的转变而受益（图108），这个趋势在亨利四世遭暗杀和路易十三继位之后变得更为明显。

幸运的是，亚伯拉罕·博斯（Abraham Bosse）的雕刻版画为我们提供了关于这一时期服饰的极有价值的文献参考。学者们一致认为这些版画虽然不具想象力，但如实反映了当时社会的规范和礼仪。通过这些版画和雅克·卡洛（Jacques Callot）的蚀刻版画，我们可以对当时与《三个火枪手》相关的法国的服饰和与"骑士"（Cavaliers）相关的英国的服饰有很清楚的了解（图105至107，图109）。这一时期的服饰中含有一种招摇的军事元素，体现为马裤和紧身上衣，还有披在单肩上的短斗篷和装饰有一支羽毛的宽边帽，而其中最突出的是靴子。靴子的样式有很多，但其中最有个性的一款是所谓的"漏斗靴"（funnel boots），有很宽的翻边，有时还饰有蕾丝。它原本是用来骑马的靴子，但是从1610年开始被频繁着于城里和室内。

人们当时所穿着的鞋子，装饰有用丝带、蕾丝和亮片制成的巨大的玫瑰花形饰物，往往极其昂贵。女性的鞋子基本上全部被她们的长裙所遮住，因而款式较为简单。在潮湿的天气里，人们穿高底鞋，也就是鞋子之下有用牛皮包裹的木屐，有时鞋底之厚，足以被视作高跷。我们可以通过哈姆雷特的言论推测，这类靴子在该世纪初就已出现（在威尼斯则可以追溯到更早的时间）："依据您高底鞋的高度，您的贵族身份比我上次见您时更加高不可及了。"

女性服装由紧身胸衣、衬裙和长袍组成。紧身胸衣有时肆意地低颈露肩，并且在正面系有丝带花边。系带处往往会被一件"饰物"或"胸饰"

图 105—图 108（从左至右） 法国的贵族男性和女性，亚伯拉罕 · 博斯，1629—1636 年。所有的男士脚穿当时富有个性的“斗状坠褶”（bucket-top）靴。图 106 和图 107 展示了大翻领的发展。

所遮盖。袖子很宽大，为裂缝式或拼布式，并会加入填充物以塑造膨胀感。那个时期充满个性的裙装其实是由两条裙子组成的，外层的裙子被卷起使得里层的裙子得以展露。大翻领变得愈加精致，饰有昂贵的蕾丝镶边。

发型通常是，在头顶位置非常平坦而在两侧卷起厚鬈发。女性通常不戴帽子，但在户外她们会戴上黑色塔夫绸小兜帽或者把一件简朴的花边三角披肩盖在头上。

我们前面描述的实际上是法国风格。在英格兰，人们仿效了这种风格，如我们通过骑士风格所了解到的。另一方面，清教徒则倾向于从荷兰来获取自己的时尚（如果这个如此轻佻的单词“fashions”在这里允许被使用的话）。

图 109（对页下） 王室宫殿画廊里有大量售卖各种服饰的摊铺。亚伯拉罕 · 博斯的雕刻版画，约 1640 年。

当时荷兰新教的政府体系与欧洲其他国家是有区别的。荷兰由欣欣向荣的资产阶级所统治，其成分是一大帮有影响力的、尽责的商贾和被认为是"摄政者"的地方法官。他们穿着一种剪裁保守、遍身黑色的特色服装。这里的矛盾之处在于，荷兰人通过对西班牙的艰苦的战争才换来自由，但他们服装反映的拘禁和严肃却依然体现了西班牙风格的影响。的确，这种带有他们自身新教的简朴烙印的衣服，对他们来说似乎是很合适的。但在17世纪上半叶，荷兰人服装中最引人注目的一点是对拉夫领的坚持。拉夫领不仅被存留下来，而且变得越来越大，如**弗兰斯·哈尔斯**（Frans Hals）的肖像画所呈现的那样（图112），称其为一个由亚麻布制成的精巧的褶皱折叠的车轮一点也不夸张。英格兰的清教徒从来没有效仿过这种时尚。但是和当时的许多荷兰人一样，留短发却成为了英格兰议员的特征，因此有了"圆颅"（Roundheads）这个绰号的产生。

我们可以从文策尔·霍拉（Wenzel Hollar）的雕刻版画中获得关于该世纪中期有关英国时尚的迷人的一瞥。女性的发型在头顶扁平，而在两侧留鬈发或长鬈发。她们的紧身胸衣为低领设计，但带有亚麻布的方头巾或有时为透明色的领子。四分之三长度的袖子带有蕾丝翻边。紧身上衣的正面下方呈尖角状，并在正面用很明显的缎带来束紧身体。裙摆打褶垂落至地

图110 亨利·里奇（Henry Rich），第一任荷兰伯爵，丹尼尔·迈藤斯（Daniel Mytens）画室，1640年。人们对蕾丝产生的新热情，不仅反映在人物的颈部，还更有创造力地体现在他的靴子顶部。

图 111 《婚礼庆典》，沃尔夫冈·海姆布伦（Wolfgang Heimbren），1637 年。

面（图 113）。其整体效果可以被形容为是一种时髦的朴实。

　　但是一种奇怪的，并且在道德学家看来是不端庄的时尚风格随着人们在脸部贴痣而到来了。讽刺作家约翰·布沃尔（John Bulwer）在其出版于 1653 年的《人为的改变》（*Artificial Change*）里，嘲笑了女士们的"虚荣习俗，即为了仿造胎记而在脸上贴痣，以衬托自己犹如维纳斯那般的美貌，而如果一颗痣就能使她们的脸庞引人注意那也不错；那些将痣贴满整个面部的人，把痣的形状演变成了各种各样的"。这些从黑色"橡皮膏"上剪下来的形状可以是星形、新月形，甚至是一辆马车或一群马。这种怪异的时尚装扮延续了五十多年。

　　虽然法国人的穿着和英国人的穿着之间依然存在显著的差异，但1660 年查理二世（Charles II）的王政复辟也带来了法式时尚风格的胜利。查理带来的并被他的宫廷所采纳的时尚装束，属于那些最奇怪的男装。之后的历史学家们以一种不赞许的眼光来看待它们。"品位和优雅，"F. W. 费尔霍尔特（F. W. Fairholt）说道，"被夸张和愚蠢所取代；而在查理一世时期达到别致显赫最高峰的男性服装，在这个时期退化并衰落了。"
[《英格兰服饰》（*Costume in England*），1885 年]

兰德尔·霍姆（Randle Holme）在 1684 年描写男性服装的组成为：
"短款缩腰束身上衣和裙裤，其衬里长于裙裤，系紧于膝盖上方，丝带一
直往上系到裤袋袋口的位置，即整个裙裤长度的二分之一处，此外丝带
还围绕着腰带作装饰，而衬衣从里层翻露出来（图 114）。"（《军械库事故》，
Accidents of Armoury）裙裤源自法国的时尚风格，或者说在它成为法式
时尚之前，就已经通过某一位萨尔姆伯爵（Comte de Salm）引入，被
称为 "Rhinegrave"。因此裙裤曾被称为 Rhinegraves，在距王政复辟的
两年前首次被威廉·拉文斯考夫特（William Ravenscroft）在英格兰穿着。
后来它被人们认为是很新奇的服装，然而在 1660 年之后，它在一段时
间里变成了所有追求时髦的男性普遍拥有的服装。它非常宽大，正如塞

图 112（左） 对拉夫领的坚持：双手相握
的中年女性画像，弗兰斯·哈尔斯，1633 年。

图 113（右） 《秋天》，W. 霍拉的原作复
刻，1650 年。

图 114（左） 带裙裤的套装，约 1665 年。

图 115（右） 托马斯·艾沙姆爵士（Sir Thomas Isham）的婚礼套装，约 1681 年。

这两件套装展示了一种从束身上衣和裙裤到"仿波斯风格"的"长袍"（vest）的过渡，后者于 1666 年第一次出现于宫廷。

缪尔·皮普斯（Samuel Pepys）在其记录于 1661 年的日记里面向我们描述的，能够把两条腿放进一支裤管里面。

超短款的束腰上衣，因为极其短小，使得它的底部边缘和马裤顶部能露一截衬衣，正面系扣固定，很像一件有袖子的马甲。人们对在马裤上装饰丝带曾有过一阵子的狂热，不仅在马裤上，还在肩部和其他地方。听说曾有一件缎面斗篷套装，上面装饰了 36 码长的银丝带，还有不短于 250 码的丝带被用于一件裙裤上。这一时期男性服装的整体效果为一种奇妙的散漫，它与复辟王朝的道德风气完全吻合。

女性服装也是一样的宽松和不修边幅，因此**彼得·莱利**（Peter Lely）画笔下所捕捉到的众多宫廷美女是衣着随便的（图 116），好似穿家常服一样，即使一些效果毫无疑问是出于画家诗意的想象力而添加上去的。这种造型带有独特的魅力，甚至连冷静的普朗什（Planché）也对其表现

图 116 《莱克家族的两位夫人》，彼得·莱利（Peter Lely），约 1660 年。

出了热情。"一种故意的散漫，"他说道，"一种优雅的随意，当时服饰的流行特征几乎全部被展现了出来；她们富有光泽的长鬈发从一条简单的珍珠束发带或是装饰有单朵玫瑰花的束发带中穿过，缤纷曼妙地披盖在她们雪白的脖颈上，颈部因饰带（brand）或小披肩（partlet）的透明薄面料而显露出来；白皙圆润的手臂从肘关节处开始裸露；她们身着迷人的缎面衬裙（petticoat），而长袍使用同种高级面料，其背后拖着由大量面料堆砌而成的裙摆。"[见《服饰百科》（A Cyclopaedia of Costume）第二卷图 242，1879 年]

在查理二世统治的大部分时间里，女性服装并没有经历很大的变化。有着长长尖角的腰部设计一直延续着并逐渐变得更紧身。被人们困惑地称作"披风"（manteaux）的是一种褶裥向上的裙子，其在款式上变得越来越正式，而整体的廓形外观变得更硬朗和狭窄。大的蕾丝领子在1670 年代早期就已不再流行，但在户外，人们会把一块被称作"帕拉蒂尼"（palatine）的方头巾覆盖在裸露的双肩上。相较于女性服饰所保持的稳定不变，男性服饰却经历了一场真正的革新，其最终的影响在当代服装里依然能看到。

奇怪的是，在所有人的认识中，查理二世这个名字居然会与服装"改革"有所联系（图117）。或许他在毁坏他都城的瘟疫和火灾发生的那一段时间里是清醒的，但无论如何，他在火灾被扑灭仅一个多月后的行为引来了很多评论，这些评论被记录在了当时的日志和回忆录里。我们可以从鲁格（Rugge）在1666年10月11日的记事录里读到："在这个月，陛下和整个宫廷改变了他们的服装风格，即一件粉色面料的合身大衣，里面是一件白色平纹皱丝制品。它长及小腿，外面套有一件外衣，外衣在胸部位置有很多松量，且比长袍要短6英寸。裤装为西班牙式剪裁，而半高筒靴有时使用布料，有时为皮质，其颜色与长袍或衣装相一致。"

佩皮斯（Pepys）也在他的日记中描述了新的服装式样，甚至更加仔细精确。在1666年10月8日他写道："国王昨天在会议中表达了他将确立一种不再更替的服装风格的决心。"他在10月15日评论说：

图117 《马背上的查理二世》，彼得·史蒂文茨（Pieter Stevensz），约1670年。国王穿着最新潮的黑色蕾丝短披肩，戴着长可及肩的假发和一顶具有三角帽雏形的羽毛帽。

"今天，国王开始穿上他的长袍，而且我的确看到上议院和下议院的一些人和宫廷重臣也穿着这种款式；长袍（cassocke）为合身长款黑色面料，并用白色的丝绸在内部镶了花边，还外披一件大衣，腿部用黑色的缎带塑造了褶饰边的效果，像鸽子的腿一样；总而言之，我希望国王保持这一穿着，因为这是一种非常精致且英俊的装扮。"

伊夫林（Evelyn）的日记也同样表述精准。在 10 月 18 日，他评论道："对宫廷来说这还是第一次，陛下庄严地为自己穿上一件东方风格的长袍，把束身上衣、硬领、饰带和斗篷换成了一身仿波斯风格的漂亮礼服，而束腰带或皮带、鞋带和吊袜带都被改变成为扣子，一些扣子还使用了珍贵的宝石来做装饰。而且国王决定不再改变它们，并远离那种迄今仍让我们花费巨大开支且倍受指责的法式风格服饰。对于这款服装，朝臣和绅士们纷纷用金子下赌注，认为陛下这个决定不会坚持多久。"

然而，查理国王的确坚持了下来，他只是做了一些变动。佩皮斯记录道（1666 年 10 月 17 日）："整个宫廷都被长袍所充斥着，只有陛下圣奥尔本斯（St Albans）没有镶花边而是朴素的黑色；而他们说国王认为使用白色镶边让他们看起来非常像喜鹊，因此国王特别去定制了一件素色丝绒。"伊夫林形容这种新款式为"仿波斯风格的服装"和"东方风格长袍"。其他当时的文献资料称呼这种新风格为"土耳其式的"；而有一点需要承认的是，它与波斯的外套的确有相似之处，只是后者拥有长袖子，而查理"长袍"的袖子却极其短，让白色衬衫蓬松的袖子从其下面显露出来。

有趣的是，波斯外套对英国宫廷来说并不是完全陌生的，**罗伯特·舍里爵士**（Sir Robert Shirley）在很久之前的查理一世统治时期就在日常生活中穿着它（图 118）。在 17 世纪初期，舍里就经常在波斯旅游，他在圣詹姆斯（St James）的宫廷里担任波斯大使，这对一个英国人来说，是个奇怪的职位。英国与波斯的关系在该世纪的确十分密切，而在查理二世获得了作为布拉干萨王朝的凯瑟琳（Catherine of Braganza）嫁妆一部分的孟买岛之后，东方地区对英国的吸引力被更进一步激发了。

英国国王的行为被视作一次为脱离法国式时尚而故意进行的尝试，这种尝试自然不太可能让路易十四（Louis XIV）高兴，他随后竭尽全力并相当成功地使得法国成为欧洲的仲裁者，这不仅体现在政治上，还体现在审美品位方面。佩皮斯记录道（1666 年 11 月 22 日）："法国国王为了表示对英国国王的藐视，让他所有的男仆都穿上长袍，这样一来所有的法国贵族也会让他们的男仆这样做；这如果是真的，将是一个君主对另一个君主所做出的前所未有的侮辱。"但是，法国的学者指出，早在1662 年就有一款非常相似的服装被引进了法国宫廷。这种式样在最初仅被少数享有特权的朝臣所穿着，但在 1670 年后就成为很普遍的服装了。

波斯风格为什么会成为现代服装的始祖呢？理查德·希思（Richard Heath）记录道："人们在长袍外面会穿着一件宽松的外套，但这种外套在伊夫林的文献里并未被提及，而佩皮斯则提到看见宫廷里的人全都穿着长袍，因此这证明了外套仅仅被人们当作户外服装。"［英国服饰研究 1，《艺术杂志》，第 11 卷，1887—1888 年

图 118 《罗伯特·舍里爵士》，安东尼·凡·戴克（Anthony van Dyck），1622 年。半个世纪之后时髦服装的雏形。

（"Studies in English Costume I", *Magazine of Art*, vol. XI,1887-8）〕人们把这款服装当作外衣来穿着，这可以在当时一幅描绘 1670 年蒙克将军（General Monck）的葬礼的雕刻版画中看到。最终外套演变成了大衣，而长袍变得更加短小，并被称为背心（waistcoat）。有趣的是，在伦敦从事量身定制的裁缝现在依然会把背心称作长袍。

背心起初非常长，几乎和大衣的长度一致，差不多长及膝盖，并且用一排扣子来固定前襟，几乎完全将马裤遮住（图 119、120）。大衣相当朴素，刺绣仅在里层衣服上被保留。宽翻领因为用在大衣上穿戴不便而不再被采用，取而代之的是蕾丝或薄纱织物的"卡拉瓦特"领巾（cravat）。

关于这种装扮的起源，存在非常大的争议。它的名称似乎在暗示它源自服役于法国军队的克罗地亚人（Croats）的围脖，先被法国军官所效仿，之后又被路易十四的宫廷所采纳。高级蕾丝工业由开明的科尔伯特（Colbert）部长在法国建立，并立即得到了国王的大力支持，国王把它的产品穿在身上，并且命令在宫廷中只允许穿着"法式点蕾"（point de France）。研究老式蕾丝的知名专家内维尔·杰克逊（Nevill Jackson）夫人在《鉴赏家》（*The Connoisseur*）中指出，"时髦男士的领饰，黑色短披肩或者取代了拉夫领的翻领刚好流行于卡拉瓦特领巾之前，因此对于最早期的卡拉瓦特领巾很像翻领的正面，却不像领结这点，我们并不感到意外"。

法式点蕾和更为精致的威尼斯式点蕾（point de Venice），都极其昂贵。我们通过"大衣柜账户"（the Great Wardrobe Accounts）可以得知，查理二世为一件新的领巾支付了 20 镑 12 先令，而詹姆斯二世为了他的加冕礼服装支付了 30 镑 10 先令。这在当时都是极为可观的数目。

到 17 世纪末，领巾开始变窄变长。丝带领结有时候会系在它的后面，而卡拉瓦特领巾（不再用蕾丝，而是用薄纱织物或麻纱）自身有时也会打结。在 1692 年斯泰因克尔克战役（battle of Steinkirk）中，法国军官

图 119（左）《勃艮第公爵》，R．伯纳特（R. Bonnart），约 1695 年。

图 120（右）《维奥尔琴琴手》，J·D·德·圣—让（J. D. de Saint-Jean），1695 年。长可及肩的假发在这个时候的上流社会已很普及。

们被召集起来以应对一场敌军的突袭，他们没有时间去把他们的领巾打理得当，只好快速将其扭转起来，塞进衣服的一个扣眼里固定。这便是**"斯泰因克尔克"领巾**（steinkirk，图 120）的起源，它成为了一种不仅在法国而且遍及整个欧洲的流行款式，持续了十多年。

我们已经注意到旧款的大翻领样式并不适用于新款的"大衣"，因此它缩小而成了黑色短披肩，但它尺寸缩小的另一原因是由于翻领的大部分会因头戴长假发的习俗而被遮掩。在前一朝代，长发的盛行毫无疑问地促使许多绅士为自己戴上"小束假发"（postiches），但其目的是为了打造自然的头发效果。然而到了 1660 年，假发开始带有明显的人工痕迹，而人们对它的极度痴迷，使得在当时有不少于两百个假发师受雇于法国宫廷。

英国宫廷稍后也跟上了这种潮流。1663 年 11 月佩皮斯在其《日志》

里记录道："我听说（约克）公爵宣称他将佩戴假发，他们说国王也会这么做。直到这天我才发现国王的头发已经极其灰白了。"

而他在 1664 年 2 月 15 日记录道："致白厅，致公爵，他今天在这里第一次戴上假发：但是我觉得在他戴上假发前，他为此而修剪短的发型本身就非常好看了。"

为了让假发更贴合，把头发剪到贴近头皮的长度，甚至于剃掉是非常必要的。

1664 年 4 月他去海德公园并"看见国王戴着假发"。在佩皮斯决定接纳这种新时尚，并第一次头戴假发去教堂时，他竟对自己没能够造成预料中的轰动而有点失望："我发现我头戴假发到场，并没有像我之前担心的那样让人觉得奇怪，会让教堂里的所有人把目光投向我。"这位宝贵

图 121（左）　贵妇，J·D·德·圣-让，1693 年。
图 122（右）　穿便服的贵妇，J·D·德·圣-让，1687 年。

TOUT CE QUI RELUIT N'EST PAS OR

Mode dimiter les gens de qualité
Autant que faire se peut

Mode de trousser juppes et
manteau jusqu'aux épaules

Une belle
apparance
soutient le
credit

mode
d'être aussi braue que Savoisine

mode d'aller en pantoufle
par la ville

Mode de faire voir le bas de soye
Et la jarretiere à frange d'Or

图 123 《中产阶级的装扮》，N．盖拉尔（N. Guérard），约 1690 年。这款裙装值得一提的是丰富的蕾丝和蕾丝滚边。高高的"方当伊"花边高头饰同样用蕾丝制成。裙子被提起以展示丝织长袜。

的日记作者告诉了我们，他在 1667 年花费 4 英镑 10 先令购买了两项假发，一年之后，他安排自己的发型师为其假发保持完好造型，并为此支付每年 20 先令。但毫无疑问的是，宫廷里，人们在假发上的花费要比这昂贵许多。

时髦男子所戴的长可及肩的假发，在当时极其夸大和厚重，而对像士兵这类好动的人来说，这简直就是一种累赘。我们听说当时有一种"运动"假发和一种"旅行"假发。奇怪的是，对西欧的上等阶层来说，佩戴某些款式的假发是完全必需的，因此这种时尚得以持续存在了近一个世纪。

图 124（左）、图 125（右）　中产阶级和劳动阶级的服装，S．勒克莱尔（S. Le Clerc），17 世纪末期。

而更奇怪的是，人们会在堆积如山的假发上使用粉末。这自然不是源自路易十四，因为他对此并不赞同，而是直到粉末在其统治末期成为一种普遍的流行后他才开始采用。查理二世的假发是黑色的并且一直保持这样，而通过威廉三世或安妮女王的肖像画可以发现，他们似乎也未曾使用过粉末。确实，粉末在1690年代之前并没有被普遍使用。佩皮斯很突然地终止了日记的记录，因而对其完全没有提及。不过伊夫林在他出版于1694年的《女性世界》（*Mundus Muliebris*）提及粉末，不过合乎情理地，他在书中讽刺了女性的时尚。对英国人使用发粉的确凿证据，可以通过当时的剧作家来找到。柯莱·西柏（Colley Cibber）在他1695

图126（左）、图127（右） 贵族服装，S.勒克莱尔，17世纪末期。

图128 《詹姆斯·斯图尔特和他的妹妹路易莎·玛丽亚·特丽萨》，拉吉利埃（Largillière），1695年。

年的著名喜剧《爱情的最后转变》（*Love's Last Shift*）里提到，"粉末塑造的云朵使花花公子头上的假发不堪重负"。

女性并不戴假发，但是借助"方当伊"（fontang）这种在 1690 年代非常有特色的发饰的发明，她们得以在发型上追求同样的高度。这种高头饰因路易十四最宠爱的一位情妇的名字而得名，据说她在狩猎时发现自己的头发没有打理整齐，于是匆匆用自己的一根吊袜带扎住头发。国王赞美了她的装扮，于是这种样式就流行了起来。第二天，宫廷里的所有女性都把她们的头发用丝带绑了起来，并在正面打结。这种时尚潮流很快就穿越了海峡，很普遍地并且几乎是一触即发地传播开来，成为了法国样式对英国产生影响的最早范例之一。

很快地，人们觉得一个简单的打结是不够的。蕾丝面料被添加了进去，再后来一顶帽子被加在了蕾丝中，并用一个金属框来支撑，又增加了整个结构的高度。

它后来被称为"衣柜"（commode），这可能是一种讽刺的称法，而在英语中被称为"塔"（tower）。1694 年的《女性辞典》（*Ladies Dictionary*）将其描述为"一个有两至三层的金属框架，与头部贴合，被丝沙罗或其他薄丝绸所覆盖，一起构成了整体的造型"。道德学家们一如既往而忧心忡忡地把这种新时尚视为一种自尊心的煽动，而著名的约翰·卫斯理（John Wesley）的父亲，老塞缪尔·卫斯理（Samuel Wesley the Elder），曾布道宣讲反对之，里面有句话说道："别让在房顶上的人到下面来"，这是参考了《圣经》中的"在房上的，不要下来拿家里的东西"。（《马太福音》第 24 章 17 句）

对这种时尚的来源有许多解释，而其消失也有许多原因。路易十四在 1699 年对其产生了厌倦，并表示了对它的反感，但是当一位称为桑德维奇伯爵夫人（Lady Sandwich）的英国女性，戴着"一顶低低的小帽子"出现在宫廷时，之前的样式才真正地被改变。当然这肯定是桑德维奇伯爵夫人在这方面的个人偏好，因为通常当一种法国时尚被英国所接纳时，

图 129　婚礼队伍，洛伦佐·马戛洛蒂，1674 年。帽子开始变得上翘了，但还没有变成三角状。

它在法国就已被抛弃了有段时间了。我们发现，《风流信使》（*Mercure Galant*）1699 年 11 月曾论及，高头饰这种老式的风格开始变得滑稽可笑。而大约在十年后，艾迪生（Addison）评论了它最后在英国的消失。

在 17 世纪的最后几年里男性帽子所呈现的形状，一直持续贯穿了 18 世纪。在英联邦国家，无论"圆颅党"还是骑士（后者佩戴它加以羽毛）所戴的帽子，都以高冠和宽檐著称。查理二世引进的所谓的"法式帽子"为宽檐低冠，比之前的款式装饰有更多的羽毛。在前已提及的 1670 年蒙克将军的葬礼上，帽子的帽檐也是很窄的。最后，帽冠被调整到了一个适中的高度，而帽檐又变宽了，经历了所谓的"上翘"（cocking）的过程，也就是说，帽子的一部分会向上翻起来，既可以在头的前面，也可以在后面或是侧面。

起初，这似乎是一个关于个人喜好的问题：例如，我们听说有一种"蒙默思公鸡"（Monmouth cock）款式的帽子。在威廉和玛丽的统治时期，这种帽子演变为往三个不同的地方上翘，因此成为了"三角帽"（three-cornered hat），它持续了一个世纪，是唯一得到整个文明世界的绅士们接纳认同的帽子款式。"翘起的帽子"，普朗什（Planché）说道[《百科全书》第一卷，第 260 页，1876 年，（*Cyclopaedia*，vol.1，p.260，1876）]，"曾被视为上流社会和专业人士的标志，以此来区别于那些戴不翘起帽子款式的下层社会的人"。差别在于帽檐的宽度，其中，最宽的一种被称为"凯文胡勒"（Kevenhuller）。

奇怪的是，帽子在室内甚至在晚餐时仍被人们所佩戴，只有在王室成员在场时，绅士们才会脱下帽子。帽子和假发被视作极端拘谨的礼节的象征，为 17 世纪最后几年的特征。

图 130　蓬帕杜夫人（Madame de Pompadour），弗朗索瓦·布歇（François Boucher），1759 年。

第六章　18 世纪

正如我们在上一章所提到的，18 世纪服饰的基本特点在 17 世纪的最后 20 年就已经形成了。凡尔赛宫廷的巨大威望，已使得整个欧洲愿意在时尚领域来接纳法国的主宰，就如同在其他许多方面一样。自此以后，至少对上流社会而言，法国的服装就是时髦的服装。

然而，凡尔赛却不再是一位渴望享乐的年轻国王的宫廷，它变成了一位在思想上越来越虔诚的，上了年纪的君主的宫廷。德·拉·瓦利莱尔夫人（Madame de la Vallière）和德·蒙特斯庞夫人（Madame de Montespan）的地位已经被虔诚的德·曼特农夫人（Madame de Maintenon）所取代，这种改变甚至在宫廷服饰上也有所反映。在这个时候，面料由于受到人们重视而变得极度富贵华丽，但早时服装风格里舒适流畅的线条已经让位给了一种新的礼节举止典范。其大体效果为刻板、高贵和严肃。女性的新发型——方当伊高头饰（fontange），这种把头发高高梳起，顶部饰有一顶高帽的发型，这个时候在外形上增加了高度并加强了竖直方向的效果。

同样的，自 1680 年起，男性也通过鬃毛假发（perruque à crinière）或长可及肩的假发来打造威严的装扮。我们已经谈论过假发在路易十四

图 131（左）、图 132（右） 莫恩爵士（Lord Mohun）的长可及肩的假发（约 1710 年，右），已经成为了马丁·福克斯（Martin Folkes）（约 1740 年，左）那个年代人们的正式假发。

和查理二世宫廷里的首次亮相，人们戴假发并不是为了去掩饰自身头发的稀少，而是把它视为所有上流社会男士着装的必需。在 18 世纪初期，人们开始在假发上使用粉末，这种奇怪的装束一直持续到法国大革命时期。

长可及肩的假发会给人造成很大的负担，并且非常昂贵。它由大量的鬈发构成，围住了脸庞并且垂落在肩膀下方。而花花公子们的假发甚至还要长。大约在 1710 年前，前额顶上的假发会被打造得很高。在家里，人们会用一顶刺绣帽子取而代之，而出现当时肖像画中的文人和哲学家们有时并不戴假发而理着平头。

上面所述的假发对于任何需要活动的工作来说都是十分行不通的，因此士兵们很快开始佩戴一种被称为"战役"（campaign）的假发。这种假发依然由大量的鬈发构成，但是鬈发被整齐地分成了三股，一股位于脑后，另外两股分别位于脸的两侧，发尾卷起并打成一个结。"拉米伊假发"（Ramillies wig）（得名于 1706 年马尔伯勒对法军的胜利）是一种

图 133 《假发的五种形式》，威廉·荷加斯（William Hogarth），1761 年。

更为简化的款式。头发被放到后面并系成一根长长的辫子，通常用黑丝带来绑成两个蝴蝶结，一个在辫子顶部而另一个小一些的则位于末端。

在非正式场合，男性会佩戴一种尾部在颈后绕成一个卷的波波假发（bob wig）。牧师和学者则选择一种不是卷曲的而是呈蓬松状的波波假发。他们也会佩戴"泰伊"（tye）假发，即把假发梳到后面编成辫子并用黑丝带固定。"袋状"（bag）假发则是把这种辫子置于一种黑色的丝织方形袋或小包袋里。假发有时是黑色的，但在更多情况下会被扑上白色或灰色的发粉。假发可以用人的头发制成（理所当然的，这是最贵的一种），也可以采用山羊毛、马毛或植物纤维。女性通常不戴假发，但是她们会在自己的头发上扑粉，有时也会在脑后方位置加入假的鬈发束。

这种僵硬和拘谨的造型，代表了路易十四王朝最后几年的风格，并且尽其所能地愈演愈烈。但在 1715 年国王过世后，一个新的景象出现了。仿佛要与太阳王所标志的一切进行对抗似的，女性服装开始变得松垮并拥有了更为流畅的线条。当时《琐事》（La Bagatelle）杂志在 1718 年记载道，"现在看来，巴黎女性在着装时唯一考虑的就是舒适。"女装的新样式被称为"布袋"（sack）或"宽身女袍"（sacque），一种舒适的、没有什么形状的服装，后部有小的箱形褶裥（图 134—136）。当这种褶裥呈双层或三层，从后颈处落在肩膀下方，合为长袍的皱褶时，被称作"后袋式设计"。它还有一个更常见的名称，叫作"华托式褶"。学者们认为这个名称是错误的，但不可否认的是，几乎所有出现在华托的画作中的贵妇们的确都穿着这样的款式。

这一时期服装的一个令人费解的特征是裙箍的回归。只是这时候的女性似乎不再追求裙箍高度而开始追求宽度，裙子借助鲸骨或者柳树的枝条来得以向两侧膨胀，宽度有时候能达到 15 英尺。因此裙子底下的结构与"panier"这个词的词意是有些类似的，它在法语中是"篮筐"的意思。在当时，这种极端宽大的裙装给女性带来了不少麻烦，穿着它时两位女士无法并排穿过一扇门，甚至不能坐在同一张沙发上（图 140）。这种时

图134（左）、图135（右）"布袋"装。左，《霍华德女士》，临自戈弗雷·克内勒（Godfrey Kneller），约1710年。右，安娜塔西亚·罗宾逊夫人，临自范德班克（Vanderbank），约1723年。

尚风格带来的影响甚至体现在了建筑上，比如18世纪楼梯上弯曲的栏杆。

要对这一时期的女性裙装进行分类是有些困难的。当代学者建议将它们大致地分为"开放式"长袍和"封闭式"长袍，虽然这些术语在那个年代并没有被使用过。封闭式长袍是一件由紧身上衣和衬裙（有时候会并成一件式）以及一条正面不开襟的裙子所构成的裙装。更有特色的开放式长袍则在裙子的正面有一道呈倒V形的开口，使得里层的衬裙得以显露。衬裙有时会絮有填充物，而且有时候会拥有甚至比外层裙子更为奢华的刺绣。

紧身上衣上也有类似的设计，在正面有一个开口以露出用厚纸板或钢丝加固的盾牌形状的三角胸衣。三角胸衣往往拥有精致的刺绣或有一排从上至下逐渐变小的饰片。紧身上衣通常在背后系带，并用鲸骨加固。

18世纪典型的袖子，长度在肘部位置上下，宽度宽至足以使里层的衬衣袖子显露出来，并且饰有蕾丝褶边。有时褶边为双层或三层，在上面的一层略短，使得蕾丝被更好地展示。把蕾丝装饰在褶边上在当时是很时髦的，就像蕾丝被装饰在帽子和领布上一样。后者为白色、在紧身胸衣的边缘呈褶皱状分布，它最初属于内衬衣的一部分，但在后来通常被分开缝制。"遮羞片"（modesty piece）具有相似的功能，用以遮掩袒胸露背装低的部位。"头巾"（handkerchief），有时称"颈巾"（neckerchief），是一块很大的方布片，面料可以为亚麻、棉或丝绸，对折垂绕于脖子上。（事实上，这两个术语在语源上都是很荒谬的，因为"kerchief"，"couver-chef"，本来含义都是指头部的遮盖物）另外还有一种称为"半边头巾"（half handkerchief）的款式，使用于非正式的场合。

在 18 世纪的前四分之三时间里，男装款式与路易十四王朝中期所确立的风格并没有什么本质上的变化。男性服装由外套、背心和马裤组成。外套在腰部以上位置为贴身款式，在腰部以下向外展开呈不同长度的裙装款式。它有三个开口，一个位于背后，另外两个位于两侧并处理成褶状。

图 136　安东尼·华托（Antoine Watteau）的速写。

图 137（上） 一位女士和她女仆的着装，引自《裁缝师》（*La Couturière*），18 世纪中期。

图 138（下） 一位女装裁缝的工作室和展示裁剪方法的图样，引自《方法论百科全书》（*Encyclopédie Méthodique*），1748 年。

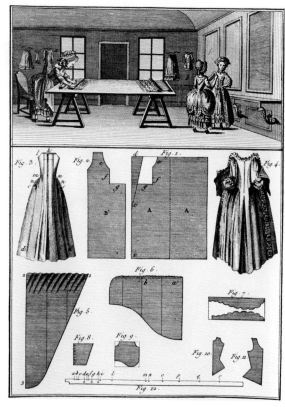

外套既可以是无领的款式，也可以有一种窄窄的、竖直的条状领。外套正面有一竖排扣子，而扣子在大多数情况下是位于左边并呈解开的状态。袖子是服装的一个非常大的重点，而且往往能从袖口尺寸的逐渐变小来确定该世纪服装发展的进程。起初，袖口非常宽大，会被向上折起或用扣子固定在肘部位置上下。从袖口下方能显露出衬衫的褶边，其使用的蕾丝与衬衫正面所用的蕾丝相一致。

穿在外套里面的为背心，可以用不同面料来制成，有时会缀有密集的刺绣。在这个世纪中期之后，刺绣还出现在了外套上。在该世纪早期，背心的长度几乎和外套一样，并且也与外套一样装有一排从上至下的扣子。下面几排的扣子都是不扣的。背心在腰部以上为紧身剪裁，在腰部

图 139 《格雷厄姆家的孩子们》，威廉·荷加斯，1742 年。儿童服装与成人服装之间几乎没有区别。

图 140 《安德鲁斯夫妇》，托马斯·庚斯博罗（Thomas Gainsborough），约 1748 年。画中的绅士身着非正式的乡村服装，而女士却穿着当时流行的非常宽大的篮筐式裙装。

以下散开呈无褶裙摆的形状，并常以硬麻布加固。背心的背面则用相对便宜的面料制成。

过膝马裤在整个 18 世纪都被人们普遍穿着。这种裤子相当松垮，而且不需要腰带或背带就能固定于臀部。马裤的长度刚好止于膝盖之下，并用三四颗扣子固定，最初会被拉上来的长袜盖住。但是从大约 1735 年开始，这种马裤的底边会用一种装饰带扣来收口，在穿着时盖住长袜。

领饰延续了 17 世纪晚期的传统而没有发生过多的变化，有在上一章介绍过的卡拉瓦特领巾或斯泰因克尔克领巾。但在大约 1740 年之后，年轻男性开始佩戴一种用亚麻布或麻纱制成，有时还会用纸板加固，后面系皮扣的宽大的硬领圈。有时候，与其一起佩戴的还有一款黑色的被称为"隐士"（solitaire）的领带，它通常与丝袋假发（bag wig）一起穿着。

三角帽普遍流行于整个世纪，虽然乡村的居民和学者们有时会戴不上翘的帽子。三角帽通常的戴法是把边缘翻起，并把它粘在低低的帽冠上，以形成一种三角形的形状。边缘通常以穗带包边，有时左侧上翘处会饰有一颗纽扣或一枚宝石。这种帽子的外观随着帽子本身边缘的宽度而自然成形。所谓的"凯文吕勒帽"（Kevenhuller hat）边缘很宽，是 1740年代间十分时髦的款式。同样时髦的还有"德廷根帽"（Dettingen hat）（以 1743 年的德廷根战役来命名）。这种帽子意在打造一种军队的霸气效果。虽然"巴斯国王"（King of Bath）博·纳什（Beau Nash）刻意戴了一顶白帽子来显摆，但通常这种帽子的颜色为黑色。帽子的面料为海狸毛，较便宜的则会使用兔毛。

到了 1760 年代，我们可以看到一种新的风格开始试探性地出现了。在本质上，这种改变在于对法国"宫廷风格"倚重程度的减弱和对英国"乡村"服饰接纳程度的增进。简言之，是一种朝着实用性和简洁性发展的趋势。外套很朴素，袖口很窄，而裙子的正面有时候会被剪去使人们

图 141 《两位正在缝纫的女士》，约 1750 年。

图 142（左）　《约瑟夫·萨斯》（*Joseph Suss*），1738 年。

图 143（右）　《戴草帽的女士》，C．W．E．迪特里希（C. W. E. Dietrich），约 1750 年。

在马背上能更舒适。即便是普遍流行的三角帽也开始被其他款式取代了，至少在如狩猎这样的场合会被换成一种窄边高顶帽，其作用像是一种原始的防撞头盔，而在它身上我们已经可以看到 19 世纪大礼帽的轮廓了。

但随后，1770 年代出现的"纨绔子弟"（macaronis）装束却是一种针对上述变化的反抗。这些人穿着的单鞋上饰有巨大的用金、银、金色铜或钢制成的饰扣，并以天然或人造的宝石作装饰。外套钉上非常大的纽扣。他们头戴的帽子极其小，但是假发却被打造得很高，并塑造成巨大的卷状。

这一时期女性发型的变化也与之相吻合（图 148—151）。自"方当伊"时代后，女性梳紧贴头部的头发造型，但在 1760 年代后，发型开始往上抬高。我们听说过"斯特拉思莫尔女士（Lady Strathmore）的裙装是镇上的奇迹，她的头装足足有一码高，里面塞满了填充物，或者是用羽毛覆盖塑造出了一个巨大的形状"。["尊敬的奥斯本夫人的信"（Letters of the Hon. Mrs Osborn），1767 年]这种造型在 1760 年代可能是非常夸

图 144（上）《孔蒂公主家的英式下午茶》，米歇尔-巴塞洛缪·奥利维耶（Michel-Barthélemy Ollivier），1766 年。

图 145（下）《端着热巧克力的女孩》，让·艾蒂安·利奥塔尔（Jean Etienne Liotard），18 世纪中期。女孩的服装体现了这一时期仆人的服装与其主人的服装之间存在时间滞后这一特点。

张的，但到了 1770 年代就变得稀松平常了。小乔治·科尔曼（George Coleman the Yonger）这样形容当时的发型："一种高耸的假发，从底部开始向上耸起，在顶上绕过一个衬垫来拉紧，形成这个发型结构的中心；假发带有层层的鬓发；后面还有一个悬挂的假髻像扶壁一样保护头后部；而整个材料通过许多的黑色长针或双排针来做到保持紧绷和防水。"[《随记》（Random Records），1770 年]

在这个时期，女性头饰的夸张达到了登峰造极的地步。而男性，则开始采用较为简约的风格，甚至都抛弃了三角帽。上面提到的"双排针"，我们可以称之为发夹，差不多就在这个时期开始被使用。"衬垫"（cushion）是一种填有纤维、羊毛或马毛的垫子，由于它会引发头疼，后来被一种金属线框所取代。天然头发在线框上方垂下来，假发添加在它的上面。整个头发涂上润发油并覆以白色粉末。这样的发型构造，有时会保持数月，很快就会变成寄生虫的栖息地，因而有一种尾部带一个象牙小爪，至今

仍被古董商认作是"抓痒耙"（back scratchers）的长棒，在当时的确是被用来伸进头饰去减轻无法忍受的瘙痒的。

头饰有时会镶嵌极为奇异的物品：一艘扬帆的船，一架周围有农场动物围绕的风车，一座装点有鲜花或假花的花园。或者人们就戴一顶帽子，这种帽子在 1770 年代的早期是非常小的，后来逐渐变大。有些帽子是用柔软的面料制成的，有一些则用硬顶宽边并饰有羽毛，这可以通过庚斯博罗那幅著名的画作《晨间散步》（图 153）看到。这幅画绘于 1785 年，在这个时候，头发不是往高处而是往宽向打造，并作蓬松状而不是打卷处理，而且有时头发会放入一项巨大的头巾式女帽里面而不是普通的帽子里。

从 1770 年代开始，女性裙装的轮廓有了明显的改变，可以概括成

图 146（对页左） 头巾式女帽（mob cap），1780 年。

图 147、图 148（对页右二图） 男性和女性的头饰，约 1778 年。

图 149—图 152（右四图） 三位女子的头饰和一位戴呢帽的男子，约 1778 年。

一种从裙箍（hoops）到裙撑 (bustle) 的转变。女服紧身上衣也开始向外膨胀，展现出一种像球胸鸽子似的效果。紧身胸衣往往是低颈露肩的款式，空出来的部分用一块颈巾作装饰。许多女性开始采用一种男性化风格的背心，甚至是带有翻边和三层的大翻领的一种"大外套"（great coat）裙装或"骑马用外套"（riding-coat）裙装。发生在女性服装上的显著变化在这个时候变成了可能，正如我们从《时尚画廊》(La Galerie des Modes) 上了解到的一样。作为"时装版画"（fashion print）中的先锋，这家刊物于 1778 年和 1787 年间不定期地陆续出版。

在这个时期第一次出现的时装版画，的确对当时的时尚传播产生了巨大影响。正如维维恩·贺兰（Vyvyan Holland）在《手绘时装版画》(Hand-coloured Fashion Plate，1770—1899) 中所指出的，区别时装

图 153 《晨间散步》，托马斯·庚斯博罗（Thomas Gainsborough），1785 年。

图 154　《约瑟夫二世会见凯瑟琳大帝》，J．H．吕申科尔（J．H．L．Löschenkohl），1787 年。

版画和"服装版画"（costume print）是非常重要的。后者旨在展示业已经历过的服饰，比如温塞斯拉斯·霍拉（Wenceslas Hollar）在他出版于 1640 年的《Ornatus Muliebris Anglicanus》中的作品，或是法国的让·迪欧·德·圣 - 让（Jean Dieu de Saint-Jean）为路易十四宫廷所绘令人称赞的男女服饰的雕刻版画。甚至在弗罗依登贝克（Freudenberg）和小莫罗（Moreau le Jeune）出版于 1775 年至 1783 年间的《服饰典范》（le Monument du Costume）的内容，也是"服装版画"。

　　说来也奇怪，第一幅真正的时装版画不是来自法国，而是来自英国。自 1770 年起，《女性杂志》（The Lady's Magazine）就开始出版时装版画了。随后，类似的版画迅速地在整个欧洲出版了。由于我们现在对时

图 155（左） 《不要害怕，我的朋友》，临自小莫罗，约 1776 年。拜访一位孕妇。画中的绅士是一位神甫。来拜访的女士们穿着精致的日装，梳着那个时期的高发型。

图 156（右） 《告别》，临自小莫罗，约 1777 年。这位女士正在进入戏院的一个包厢，她穿着低胸方形领带巨大裙撑的晚礼服套装。

尚插画习以为常，因此很难意识到，在时装版画发明以前，最新的时尚资讯是很难得到的，以至于玛丽−安托瓦内特（Marie-Antoinette）的裁缝师认为，每年穿梭于欧洲大陆，用巨大的四轮双座篷盖马车载回身着巴黎最新款式的玩偶们是一件很有必要的事。

对于学习服装的学生来说，比较两组不同的时装版画（图 160—163）是很有益处的，比如《时尚画廊》（*La Galerie des Modes*）和海德鲁夫的《时装画廊》（*Gallery of Fashion*）（这些出版物可以在一些著名的公共图书馆，比如维多利亚和艾伯特博物馆的图书馆里找到）。虽然这两组版画出版的时间间隔只不过十年而已，但它们所描绘的服装却是完全不同的。当然，同时发生的还有法国大革命。

与所有的社会剧变一样，法国大革命对男装和女装都产生了意义深远的影响。旧制度的服饰被一扫而光。刺绣外套和锦缎长袍瞬间不见了，假发和上了发粉的发型不见了，精致的发饰不见了，红色高跟鞋也不见

图 157 《玛丽的约会》，临自小莫罗，约 1776 年。人物身着极其精致的外出服。

了踪迹。"回归自然",是当时的口号,但在服饰方面,除非人们愿意接纳野蛮的裸露,不然这肯定是行不通的。那么,之后到底发生了什么呢?

在男装方面,对简朴的诉求意味着对法式"宫廷"服装的抛弃和对英式乡村服装的接纳。因为种种历史原因,英国上流社会从来没有像法国人那样追随于一个朝廷。他们更喜欢在他们的乡村居所消磨时间,加上如猎狐之类活动的需求,他们很快地发现,他们不得不从欧洲那些都

图 158（左） 《在卡莱尔之家的散步》（*The Promenade at Carlisle House*），J. R. 史密斯（ J. R. Smith），1781 年。在这间风月场所里的绅士都头戴帽子，左边的一位已经舍弃了三角帽并选择了"乡村"服饰。

图 159（右） 《发型无惧》，约 1785 年。这种宽版而非高版的发型在 1780 年代是非常典型的。头顶部放置的为早期形式的高帽。女性开始戴帽子可以被视作是妇女解放的一个符号。

城中时髦的款式里选择一种较为简朴的服装样式。 他们把刺绣品从大衣上除去，并用平纹织物作为大衣面料。他们除去了颈部和手腕处的蕾丝褶边，也不穿丝织白长袜而穿上结实的靴子。并且，正如我们已经注意到的，对于普遍流行的三角帽，他们用一种基本型的"大礼帽"（top hat）来取而代之。

这个时候，甚至在法国大革命之前，人们就对英格兰的所有事物产生了浓厚的兴趣，甚至对于法国人也是这样。英格兰在当时被视作是一个自由之邦（相比较而言的确如此），因此掀起了一股迷恋英国的风潮，尤其是在法国贵族的特权被取消之后越发如此。在恐怖统治时期，穿着任何款式的时髦服饰自然都是非常危险的，但在罗伯斯庇尔被处死之后，那些幸免于上断头台的人开始重新按自己喜欢的方式穿着打扮了。他们所偏好的装扮为一种英国乡村服装的怪诞版本（图 165）。英国人的猎装被加上了长度极其夸张的尾巴，鞋子被形状奇怪的靴子所取代，背心变得极短，领子则延伸到头后方更高的位置；而领巾变得非常大，以至于有时候会被围到下巴甚至遮住嘴巴的位置。假发被人们抛弃了，不再涂抹发粉的头发被弄成乱蓬蓬的样子，有时会从前面向后梳起。几乎没有比 1790 年代装扮奇特的法国人而更为怪异的形象了。

　　女性服装在这一时期则没有这么夸张，但也展现出一种更为激进的

图 160（左）、图 161（右）　新发明的时尚版画：《时尚画廊》，约 1778 年。左，波兰式裙装。右，带着一对裙撑外出去见一位顾客的裁缝。

与过去的决裂。裙撑和紧身胸衣统统都被人们抛弃了，而以前用来制作裙子的昂贵面料也不再被使用。取而代之的，女性穿着一种看起来的确像是内衣的衬衫裙（robe en chemise），一种白色高腰的麻纱棉布或棉布衣服，长及脚面，有时因面料太过于透明而必须在里面穿上白色或者粉色的紧身衣。有时当面料受潮后，其紧贴皮肤的效果像是在模仿那些古代雕塑上的古希腊裙装。而无跟拖鞋更加重了这种效果。

发型也因为类似的意图被简化了，但其效果却因鸵鸟羽毛而受损。把鸵鸟羽毛粘在头发上在当时是很时髦的，甚至在白天也是这样。而值得强调的是，在这一时期，"晚礼服"和"常礼服"之间除了面料的质感，其他几乎没有什么差别。关于女性服装的极端脆弱的一个奇怪结果是，这个时期衣服上的口袋行不通了，因此被称为"手提袋"（reticule）的小手包出现了，女性走到哪里都会随身携带。

图 162（左）、图 163（右）　步行服装和夏装，引自海德鲁夫的《时装版画》，1795 年。海德鲁夫，瑞士人，在法国大革命时期驱车离开法国，在英格兰出版了他的大作。

图 164 日装，引自海德鲁夫的《时装版画》，1796 年。在乡间漫步时，人们也会头戴羽毛装饰。

图 165 《约定地点》，路易斯-列奥波德·波易理（Louis-Lépold Boilly），约 1801 年。甚至连法国人在这个时期接纳了英格兰的"乡村"服饰。

在法国，拿破仑的掌权迫使督政府时期的夸张男装就此终止。英国人则从来没有采纳过这些奇异的样式。到 1800 年，他们确定了一种乡村风格服装的紧凑潇洒的版本：一顶大礼帽，一条造型不夸张的领巾，一件翻边中领、用平纹织物制成、前面被裁去的外套，一件不再像 1790 年代那样短的背心以及一条带有一个方形袋盖和斜侧袋且裤腿塞进马靴里的马裤。到了晚上，他们会穿高跟鞋，及膝马裤和丝质长袜，腋下夹一顶双角帽（bicorne）。英国人并没有像法国人一样早早抛弃发粉，但是当政府在 1795 年宣布对其征税后，除了一些年长的人之外，就没有什么人再使用它了。猪尾巴辫也被人们抛弃，只有军人们又将它保留了十年。

事实上，到 18 世纪末，服装的一般样式就已经被确立了：女性为

图 166　1799 年的常礼服（左）与 1800 年的舞会礼服（右）。

称为"帝国袍"（Empire gown）的款式；男性则是"约翰牛"（John Bull）的装束。男装和女装的这两种款式，在整个欧洲基本都是一样的。一个令人再次感到惊讶的事实是，自 17 世纪以来，西欧文化就已经基本形成了一个整体，因而不同国家之间的服饰迄今几乎没有什么差别，至少就上流社会来说是这样的。

第七章 从 1800 年到 1850 年

从原始时期以后至 1920 年代之前，女性似乎在任何时期都没有像她们在 19 世纪早期那样穿得这么少。所有的女装看起来都像是为热带气候设计的，而欧洲的气候在 1800 年和 1850 年相比并没有什么区别，可是前一时期女性穿着的服装厚度却相当于这时候的十倍。法国和英国的时尚潮流引领者，会穿着一种轻薄的女式睡衣，长度直达脚踝，但造型上甚至在白天也极端地低颈露肩。飞边（Ruffs）又重新成为了时尚，而且人们还对长披肩（shawls）产生了极大的热情（图 171）。这种披肩起源于克什米尔，但因与英格兰的战争法国很难进口，因此法国人开始自己生产类似的披肩。英国也一样，开始在佩斯里（Paisley）生产模仿克什米尔的披肩。在当时，一个时髦女士的标志便是优雅地围上一条披肩，而披肩也成为了每一个女性衣橱里的必备之物。

拿破仑对埃及的远征，给他的同胞们带来了一股东方式的新风潮，使得头巾（turbans）变得时髦起来，而且还被英格兰人穿戴。先前的服装轮廓旨在打造一种强调垂直线条的"古典"效果，但是东方风格的影响改变了这种形象，因此古典风格只存在于 1800 年至 1803 年间。一种埃及式的风格则影响了随后的三年，在这以后，由于半岛战争以及对西

班牙一切事物的兴趣，这一风格又被西班牙风格所取代，西班牙的装饰品被添加在了依旧被认为是古典款式的服装上。

在 1802 年，英法之间停战，但这"亚眠和平"（the Peace of Amiens）是短暂的，在接下去的 12 年里，英格兰和法国之间中断了联系。当成群结伴的英国女士在 1814 年拿破仑第一次退位后来到巴黎时，她们惊讶地发现英式时尚和法式时尚之间存在的差异竟然如此明显。法国女性依然会穿白色服装，但是她们的裙子不再笔直地垂落到脚踝，而是在边缘处微微向外展开。相反地，英国服饰正开始变得"浪漫"，像膨胀而开叉的袖子这样的伊丽莎白一世元素再现了。这两种装扮相冲突的结果是，英国女性很快便抛弃了她们那孤立的时尚而接纳了法式风格。

完全相反的事例发生在男性服装。如我们之前所了解的，英格兰对男性服装的影响已成为了 18 世纪末期的标志，而到了此时，法国人明确地把英式服装视作了规范。这在很大程度上是因为伦敦裁缝的卓越技艺，他们在处理羊毛绒面面料上训练有素。这样的面料，不像轻柔的丝绸和其他轻薄面料一样，可以根据体态身材进行伸缩。18 世纪的贵族服装普遍做工粗劣，而且完全不能舒适地贴合于身体。所以这种紧密贴合的款式成为了时髦的精髓，乔治·布鲁梅尔（George Brummell）本人就十分自豪于他的衣服上没有一道皱褶而且马裤能完全贴合于他的腿部，

图 167（对页） 雷加米埃夫人（Madame Récamier），弗朗索瓦·热拉尔（François Gérard），1802 年。

图 168（右） 《妈妈，我还没有读完这本书》，亚当·巴克（Adam Buck），约 1800 年。

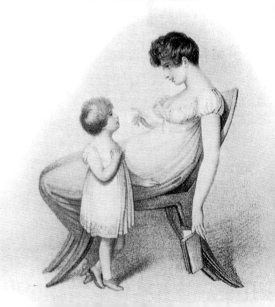

就好像天然的皮肤一样。但男性服装的时髦在当时并不意味着华丽，事实上却是正好相反的。花花公子的外套上并没有刺绣，外套是用平纹织物制成的，借鉴猎装款式裁去前摆，并且大多选择原色。布鲁梅尔的外套总是深蓝色的，但是通常会穿颜色不同的马甲和马裤，比如以深红色马甲和黄色马裤来搭配蓝色外套，或者以白色马甲和灰绿色马裤来搭配黑色外套。衣领在脖子后面高高竖起，有时会使用天鹅绒面料。马甲通常很短且作方形裁剪，长度大概能从外套的正面露出几英寸。上排纽扣被固定在左侧呈解开状，以此来展示衬衫的褶边。在宫廷里，人们穿着有着金边刺绣的白色绸缎马甲。

在白天，人们通常身穿贴身马裤，并把它塞入骑马靴里面，但到了晚上，人们则穿着丝织长袜和高跟鞋。一些人会穿庞塔龙马裤（pantaloons）或者带有流苏的麻布紧身裤。人们也穿长裤，其款式虽然非常贴身，但并不会显出腿部形状，且长度止于脚踝上方。土耳其式的肥大的长裤也

图 169（左）《美丽的泽莉》，J. -A. -D. 安格尔（J. -A. -D. Ingres），1806 年。
图 170（右）英式户外服装，约 1807—1810 年。

图171（左）　男女外出服装，1810年。

图172（右）　外出夏装，1817年。

在滑铁卢战役之后，法国服装就不再严格地追求"古典"了，而他们沉重的荷叶边预示着新风格的到来。

有人穿，它预示着一种之后被称为"哥萨克"（Cossacks）的阔腿裤的出现。

　　花花公子们所炫耀的不仅仅是剪裁精良的衣服和舒适合身的马裤，还包括精致的领饰。衬衫的领子被竖起来穿着，领子的两个尖角正对着面颊并由领饰来固定，领饰既可以是领巾也可以是宽领带。据说一些花花公子会花费整个早上来调整他们的领巾，将细布、麻布或丝绸面料的大方形布，对角折叠成布带，然后围绕在脖子上，在正面打结或系蝴蝶结。有一个关于布鲁梅尔的著名故事：一位访客在半上午拜访他，发现他的贴身男仆在收拾他的领巾，楼上有一大堆丢弃的领巾。当访客询问他们在做什么的时候，贴身男仆回答说："先生，这是我们的失败品。"宽领带是一种被上浆硬化了的领带，在颈后系扣。无论佩戴领巾还是宽领带都会让转头或低头变得困难，因此这在一定程度上塑造出了花花公子们

图 173（左）《托马斯·贝维克》（*Thomas Bewick*），临自詹姆斯·拉姆齐（James Ramsay），约 1810 年。他的常礼服外套和大礼帽属于英国乡村服装款式，但下身依旧穿着及膝马裤。

图 174（中）《"著名的行者"巴克莱船长》（*Captain Barclay*），约 1820 年。长裤已经代替了及膝马裤。

图 175（右）男女外出服装，时装版画，1818 年。

的冷漠和自大的形象。

　　有一些款式的礼帽会被人们整天佩戴，但最适合晚上佩戴的帽子是"双角帽"（bicorne），它呈新月型，两边的帽檐相互压在一起，因此它可以被人们夹在腋下。男性的头发很短，并且像提图斯那样乱乱的头发是很时髦的。大部分平民都会刮掉胡子，但是军人会留连鬓胡子，偶尔也会留小胡子。佩剑的传统被完全抛弃了，但一把手杖倒成为了时尚；的确，当时在街上所有打扮入时的男士没有不携带手杖的。

　　布鲁梅尔的服装款式总是很沉闷严肃的，但在他 1819 年离开后（他逃去了欧洲大陆以躲避他的债权人），那些花花公子或自认为是花花公子的人的服装，开始呈现出了各种各样的夸张样式。他们的大礼帽的顶部

KENSINGTON GARDEN DRESSES for June

图 176　6 月在肯辛顿花园的服装，引自《上流社会》（*Le Beau Monde*），1808 年。
早期长裤的一种式样。

变得很大，发展到帽冠比帽檐还大，衬衫领子露出来的边缘几乎与眼睛位置齐平，宽领带或领巾系得更紧更高，外套的肩膀加入了衬垫，而腰部则用一条束腹带系紧。长裤这时几乎成了普遍穿着的款式，长度可至短靴上方或延伸至脚背下方扎紧。漫画家对这种新风格进行了取笑和挖苦，比如乔治·克鲁克香克（George Cruikshank）的《1822 年的畸形服装》（图 177）。

在同一年，女性服装出现了一个转折点。在四分之一个世纪里都处于很高位置的腰线，此时重新回到了自然位置，而且不可避免地随之变得越来越紧身。结果，束腹又一次变成了女性服装中一个不可缺少的元素，甚至连小女孩也不例外。一则当时的广告这样描绘：一位母亲让她的女儿脸朝下躺在地面上，自己一只脚踩在她女儿的后背上，以借力来把束腹带拉紧到需要的程度。

勒紧腰部的效果会随裙子宽度和袖子膨胀程度的增加而更为明显。这两个特征都出现在 1820 年代。在这个年代之初，裙子还是相当窄的，但因为有裙子底部的荷叶边、褶边和其他装饰物，有时甚至会因一圈皮草边，而变得很重。袖子也有所变化，起初是在肩部位置有一个小的凸起，可以想象到是一种对文艺复兴时期服装的回归（图 181）。浪漫主义运动此时正如火如荼地进行着，沃尔特·司各特（Walter Scott）的小说拥有数不清的读者，而所有的年轻女性似乎都希望自己看起来像艾米·罗布萨特（Amy Robsart）或者小说中另一位女主人公一样。在当时甚至有过一阵用苏格兰格子花呢来做服装面料的风潮。大约在 1825 年，小的泡泡袖（puffed sleeve）外面还穿有一个通常用透明的薄纱制成的袖子。若是不透明的面料，袖子会呈现出一种古怪的羊腿（leg-of-mutton）形状，这成了那个时候的典型特征。1830 年之后，裙子变短了，但比以前甚至更宽了，而袖子变得巨大无比。

帽子也经历了变化。人们在室内戴的晨帽，尺寸上变大了很多，而且不再像以前那样用带子系在下巴下方。头巾变得极其宽，因此看起来

图 177 《1822 年的畸形服装》，乔治·克鲁克香克。出现于海德公园阿基里斯雕像附近的"花花公子"风格的夸张范例。

不再像是头巾，而是像真正意义上的帽子。而帽子本身帽檐变得极其宽。帽子通常用稻草编织，但也有用丝绸或缎面制成的，边缘装饰有大量颜色鲜艳的花朵、丝带和羽毛。1827 年以后，女士们甚至在晚上戴着这样的帽子去剧院，造成后排观众几乎不能看见舞台。日记作者克罗克（Croker）抱怨道，在餐桌上他的两位女同伴的帽子尺寸之大，妨碍了他看清自己盘中的食物。当时的讽刺漫画家很乐意去描绘可以被当作雨伞的巨大的帽子，这些帽子不仅为佩戴者挡雨，还可以为走在她两侧的两位同伴作遮挡。

大部分女性都会精心打理发型，前额留卷发，并在后脑勺的位置饰有一个假髻。有时候会在晚上使用一种当时被称为"阿波罗结"（Apollo knot）的人造头发，它在头顶固定，并用花卉、羽毛或梳子进行装饰。装饰物还可以是一套镶嵌珠宝的龟甲，或是"瑞士发簪"（Swiss bodkin）。后者是一种长长的，带有一个可拆卸金属头的帽针，可能是从瑞士农民服饰衍生而来的。

图 178　外出服装，1819 年。　　　　图 179　坐马车的服装，1824 年。

　　大约在 1828 年之后，裙子变得略微短了一些，但是袖子依旧呈膨大化的趋势。紧身上衣因此呈现出了一种横向的效果。在晚上，紧身上衣为低颈露肩式的，而这种款式有时非常极端，其衣服上缘会低至胸衣的位置。在白天，佩戴一个飞边（ruff）是非常时髦的，这又是一种对想象中的伊丽莎白一世风格所进行的模仿。一种被称为"细长披肩"（pelerine）的宽边平翻领覆盖了整个肩膀。当这种领子的两端垂挂下来时，被称为"三角披肩"（fichu pelerine）。白天在室外，女性穿着一款带有巨大袖子和多层披肩的长外衣。而晚礼服则带有各式各样的斗篷。长披肩仍然可以见到，但已不像前十年那样时髦了。尽管裙子越来越膨大，人们依然会携带手包；而暖手筒在这十年中都很时髦，虽然它们在最后变得有些小了。扇子是晚礼服造型中的必需品，通常还会携带一大束花。阳伞是时髦女士的另外一个配件，但它很少被撑开，因为它只有到非常大的尺寸时才能够遮住帽子，因此，它通常被女士们拿在手中。女性还会佩戴大量珠宝，式样有小盒式吊坠、十字架、金手镯、马赛克和浮雕

图 180　法国和德国的服饰，1826 年。

图 181　常礼服和晚礼服，1831 年。

宝石胸针以及带有一个小香水瓶的金链子。

到了 1837 年，这一年代早期的那种浪漫艳丽的风格开始发生变化了。袖子不再像以前那么宽，且其膨胀凸出的部分开始滑落到手臂位置。裙子又变得长了一些，女性穿裙子走路时不会露出脚踝。鲸骨胸衣越来越贴身，且在正面装饰有一个扇形金属片。最显著的变化体现在帽子上：它不再是一顶有檐的帽子而是一顶软帽（bonnet），紧紧地系于下巴下方来固定。软帽紧贴头部佩戴，煤斗般的造型，给人一种非常端庄的印象。与 1830 年代的时尚相比，1840 年代的时尚风格很明显地变得胆小拘谨。明亮的颜色被深绿色和深棕色所取代。长披肩重新受到人们喜爱。精致的发饰被抛弃了，只保留了在脸颊旁的长鬈发。

男性的服装也一样，在这一阶段变得更为阴沉。缩腰、垫肩、艳丽的马甲和悬挂的印章都被人们抛弃了。燕尾服依然在晚上和白天穿着，但在晚上其颜色通常为黑色。许多年轻的男性开始钟情于在白天穿双排扣长礼服（frock coat），而在夏天会穿着夹克并搭配一件短款衬衫。饰

图 182（左） 男性和女性的骑手服装，1831 年。女骑手服装的上半部分较男性化，但下身仍为拖尾长裙。

图 183（右） 裙装。时装版画，1829 年。

有褶边的衬衫从日间穿着中消失了，虽然曾有一阵子它们作为晚上的服装还是很时髦的。领巾的尺寸变小了，虽然它依然能把衬衫的领子提到脸颊的位置。有时候，衣领几乎全部被领巾所遮住。运动员会佩戴斑点围巾，并用一枚针来固定。社会各个阶层的人普遍都戴礼帽。帽冠在这个年代之初非常高，但之后慢慢变低。在乡间，人们有时会佩戴一种称为"清醒时分"（wide-awake）的低冠便帽。

下装则为长裤（trousers），款式非常紧身，且在脚背下方用皮绳扎住固定。另外还有一种选择是庞塔龙马裤，它更为紧身，也同样在脚背下方用皮绳捆住。穿着于乡间的马裤，面料为皮革或灯芯绒，而在宫廷里则会用白色薄毛呢。裤子很少会选用和上装外套一样的面料，苏格兰格子花呢在冬季很受欢迎，在夏天则青睐白色斜纹。

这一时期的大衣展现出了许多惊人的变化：轻薄的切斯特菲尔德长大衣 (chesterfield)，款式为在腰部微微收拢，而"佩莱托图"（paletot），

图 184（左） 女式长外衣，织锦缎，1831—1833 年。1820 年代晚期的小蓬松袖变成了
1830 年代初期的羊腿袖。

图 185（右） 绅士的常礼服，1834 年。

一种短款外套，偶尔会代替大衣。"卡里克"（Curricle）式外套用于驾驶
马车，在肩膀上有单个或多个褶裥。斗篷（Cloaks）穿于晚礼服之外。
而法国和德国的大衣在本质上都起源于英国。

　　一个匿名作者在 1840 年代出版的一本名为《美好社会的习惯》（*The
Habits of Good Society*）的礼仪方面的书中告诉我们，一个穿着考究的
男士需要四种外套：晨礼服、双排扣长礼服、燕尾服和大衣。第一种服
装他需要四件，其余三种则各需要一件，七件外套的花费为 18 镑（也就
是每件 2 镑多）；他还需要六条日装长裤和一条晚装长裤，总共花费 9 镑；
还有四件日装马甲和一件晚装马甲，共花费 4 镑；另外还要 10 镑用来支
付手套、亚麻制品、帽子、围巾和领带，5 镑用来支付靴子。因此，这
样一个消费为中等程度的衣着考究的男士在一年中装扮的花费不超过 50
镑，这以现在的标准来看是极其低的。花花公子，理所当然的在 1840 年
代的花费依然远远超过这个费用。他们被视作是上一个时代的挥霍无度

图 186 《在花园里》，时装版画，1840 年。端庄的小阔边女帽（poke bonnet）已经取代了前十年的精致帽子。

的遗留产物。这时候英式生活中的典型形象是一个受人尊重的中产人士，他没有惹人注意的欲望，但仅仅希望能呈现出一种绅士风度，无论是在他的账房里还是在他家中。这本书的作者还建议城镇的人们选择深蓝色或者黑色服装，在乡村是可以穿花呢套装的。事实上，我们在男装上所看见的是华丽风格和颜色的逐渐消失，这种情况一直持续到现代才有所改观。而在当时，任何引人注目的装扮都会被视为是没有绅士风度的。

这种变化也体现在女装上；宁静而精美的气质是最受到推崇的。确实，有一点病态或者呈现出一点病态的样子，在当时是非常时髦的（图189）；而"粗鲁健康"则是很庸俗的。胭脂完全地被人们所抛弃了，"有趣的苍白"则备受推崇，而当时一些愚蠢的年轻女性甚至以喝醋来使得

图 187 《弗罗伦斯·南丁格尔和她的姐姐帕忒诺珀》，W．怀特（W. White），约 1836 年。气球袖此时为从肩膀上滑落的样式，行将消失。

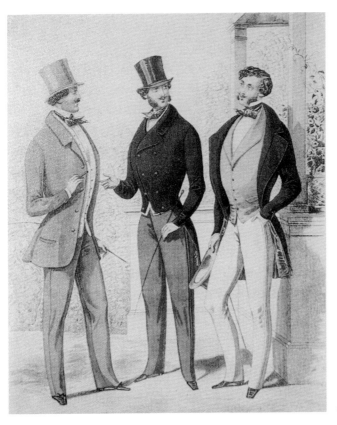

图 188　男装，时装版画，1849 年。

自己与当时盛行的时尚相符。这一时期的富裕商人，开始远离城市，而将他的家庭搬进位于时髦郊区的高档新屋里。他的妻子会被要求做到两件事：首先她要成为家庭生活上的美德模范，其次她什么工作都不应该做。她的赋闲在家成为了她丈夫社会地位的标志。女性在当时从事任何工作都是会被人看不起的，因此她们的服装反映了这种态度，呈现出一种极其受约束的效果。事实上，这一时期身着大量的衬裙确实也使得女性很难去参与任何体力活动。

　　当我们放眼全世界来看，1840 年代是一个极具创新和剧变的年代，而女性服装所展现的一切看起来就更奇怪了。这个年代见证了火车的发

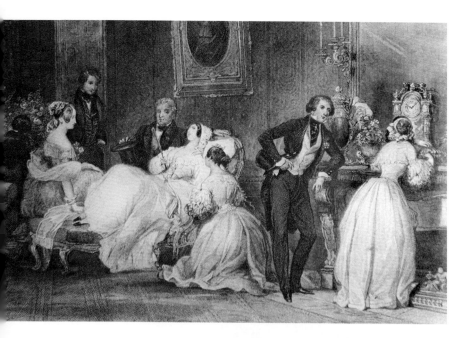

图189（上）《康复期》，临自欧仁·拉米（Eugène Lami），约1845年。

图190（下）常礼服，引自《福莱》（Le Follet），约1848年。1840年代极其端庄风格的例子。女王对巴尔莫勒尔粗纺条纹呢的热爱造成了苏格兰格子呢的风靡。

明；见证了一系列的并在 1848 年这个"变革之年"达到顶峰的社会变革。
而所有发生的一切，似乎都与女性无关，而绝大部分女性似乎都接受了
这种柔弱和顺从的境遇。过分拘谨的言行举止在当时盛行；裙子长至地
面，而她们在裙子底下穿着平跟拖鞋的纤足几乎完全被遮住。像萨克雷
（Thackeray）这样的通晓事理的作家也认为，在写作中提到脚踝是要进
行道歉的。女性在之前任何一个时期的晚礼服都是坦胸露肩款式，但在
这个时期裸露的部分完全被遮盖住了。而阔边软帽甚至使她们的脸在正
前方的位置不能为人所看到。

这样的情况自然地不可能被所有女性所接受，至少在法国，出现了
一股反抗的势头，以"母狮"（lionne）的形象为标志。一个当时的作者把"母

图 191　冬装，1847 年。

狮"定义为"一个富裕的已婚妇女，漂亮且迷人，她会使用鞭子和手枪，也能掌控她的丈夫，她骑马时像长矛轻骑兵（lancer），抽起烟来像龙骑兵（dragoon），能喝任意量的冰香槟"。"骑马时像长矛轻骑兵"是一个很形象的比喻。在1840年代早期，女性中间掀起了对马术的热情，而当时所有的时尚杂志都刊登了骑手服装。令人好奇的是，这个装扮中的男性化的特征只体现在腰部以上位置。从实用角度来看，下身的款式自然也是可以男性化的，但是在那个年代很难想象女性会穿着上下两件分开的服装，况且她们在当时还是坐侧鞍骑马的。从头到脚来看，我们可以发现标准的女骑手服包括一顶松散地连着一块面纱的男士的大礼帽、男士的衣领和领带、男士外套和马甲，以及一条极其膨大的裙子。事实上，由于裙子极其膨大，以至于穿着它在马鞍上时其长度几乎要触及地面（可以通过这个时期维多利亚女王骑马雕像很明显地看到），而且穿着者几乎不可能自己从马上下来而必须借助马夫的帮助。这种无意识的动机是明白可见的。穿着这种裙装的一个目的（或者我们应该说在当时的目的）就是为了展示穿着者崇高的社会地位以及可以支付得起一批随从的经济实力。

我们来对1840年代女性服饰的基本款式做一简单的总结。女装腰部位置很低，紧身上衣的装饰线设计更凸显了低腰的效果；袖子可以很窄或在前臂位置呈膨大状；裙子长且丰满。紧身上衣和裙子通常连在一起，后背通过挂钩洞眼来系紧，但是到了该年代中期，出现了一种夹克款式的紧身上衣，它和裙子是分开两件的。这种夹克式紧身上衣为贴身正面系扣的款式。当时另外还有一种被称为"背心胸甲"（gilet-cuirasse）的衣装，它看上去像是男士的马甲，有时为一件单独的服装，有时则与夹克连在一起。裙子通过内衬来定型，有时会在裙子上部分的背面附加一个羊毛衬垫。女人们会穿着大量的衬裙，并通过使用一个用马毛做成的小裙撑，来加强当时被描述为"茶壶罩"(tea-cosy)的效果。这种裙撑在当时被称为"裙衬"（crinoline），对现在的学生来说这是很容易混淆的。它与后来的裙衬（crinoline）有着很大的区别，但是在语源上这个术语用在此处要比它在 1850 年代和 1860 年代被用来形容钢箍要恰当一些，"crin"来自法语的"马毛"，为早期裙衬的制作材料。裙子基本上都装饰有荷叶边，可以为双层或三层，也可以有褶饰和其他装饰品。

学者归纳出了四种类型的日间裙装——女式长外衣（pelisse-robe）、骑装式外衣（redingote）、圆礼服（round dress）和浴袍（peignoir），但是在这里有很多明显的令人感到困惑和重叠的部分，而且在这个年代的末期，前两个术语所形容的款式并无差别。大体上可以这么描述，女式长外衣用于上午的室内，骑装式外衣则用于"漫步"，而拥有更多装饰的圆礼服则穿着于午后，浴袍是一种只在上午穿着的非正式礼服，但是它和现代意义上的晨衣（dressing-gown）所指的款式并不相同。

晚礼服为低颈露肩的样式，在肩部以下，可以是直落的款式，也可以是中间微降的款式。后者被描述为"心脏"（en coeur）。在胸衣顶部设计一道水平方向的褶在当时是很典型的，同样典型的还有一种深"宽领"（bertha），它从胸衣顶端一直垂落下至袖子一半长度的位置，用蕾丝加上褶边或丝带制成。紧身上衣的正面变尖了，具有强烈的骨感。最受人们喜爱的日间裙装的面料为绒面呢（broadcloth）、美利奴呢绒（merino）、软薄绸（foulard）、蝉翼纱（organdie）、条格平布（gingham）和塔拉丹薄纱（tarlatan）。晚礼服则通常用闪光绸（shot silk）或天鹅绒（velvet）来制成。

户外服装也有很多类型。长披肩在这时又重新受到人们的喜爱，而且有时候尺寸会非常大，并带有流苏边缘。由于女王在巴尔莫勒尔的居住而带来了一股使用苏格兰制品的风潮，佩斯利细毛披肩（Paisley shawls）不再被视作只是一种进口羊绒披肩的替代品了。各式各样的新款斗篷出现了，人们根据它们是否带有披风、袖子或是让手臂穿过的开口，又或是同时拥有以上三样来进行命名。"卡萨瓦克斯"（casawecks）、"波尔卡斯"（polkas）和"帕尔德素斯"（pardessus）之间的差别是微不足道的，这些名称表明，女装此时受到了一些东欧服饰，尤其是匈牙利服饰的影响。

　　所有在这一时期所形成的风格都是为了让女性看起来尽可能的娇小，这在一定程度上是为了向身材矮小的维多利亚女王致敬。鞋子除了极少例外的情况，也因此不带有鞋跟。其通常的形式为拖鞋，有时会像芭蕾舞鞋那样在脚踝绑带子，只是不会加固鞋头。这种拖鞋用丝绸或绉纱制成，颜色与裙装相匹配。在当时非常小的脚会被视作一种文雅的标志而备受赞美。在街上，女性通常会穿侧边有松紧面料的布靴（cloth boots），但是上流社会的文雅女士是不会经常去海外的。到了 1850 年，无论男装还是女装似乎都以维多利亚中期（mid-Victorian）风格为统一规范。因而穿着者们认为换装是没有必要的。

图192　看戏穿着的斗篷，
1835 年。

图193　常礼服，1853年。带有很多荷叶边的裙子是1850年代的典型女装。它通过一个多层衬裙来保持其形状，而硬衬布衬裙尚未被用作裙底的支撑物。

第八章　从 1850 年到 1900 年

在"饥荒的 1840 年代"（Hungry Forties）过后，兴旺繁荣的 1850 年代到来了。"变革之年"（1848 年）让左派在整个欧洲范围里都饱受打击。这使得中央集权专政在一些国家得到了重新建立；但是对于英国和法国来说，这却是资产阶级的胜利。虽然路易·拿破仑在 1851 年发动的政变的确引发了一些人的焦虑，但撇开他在这一年代后期进行的军事冒险不谈，真正支持拿破仑三世的人都是银行家、实业家和资本家。在英国，1851 年的万国工业博览会（the Great Exhibition）不仅展示了新的技术，也给世界和平的时代带来了希望（尽管这种希望最终误入了歧途），而国家与国家之间的兄弟情谊也在这个时候展开了。毫无疑问的，贸易和商业正日益繁荣。我们只要看看，伦敦大量的正面饰有灰泥且带有两根柱子的门廊房子几乎都建造于 1850 年代，就能了解到伦敦的生意人和批发商们此时已拥有足够的金钱而告别住在城中"店铺楼上"的生活，并能在退休后去南肯辛顿和贝尔格莱维亚区过体面的生活了。

蓬勃发展的繁荣景象意味着人们的服装变得越来越精致，因此我们看到 R. S. 瑟蒂斯（R. S. Surtees）在他的一本小说里抱怨道，"女仆现在穿得更好了——在任何场合都要比她的女主人在二十年前穿得精

图194 《刮风的街角》，1864 年。此时所有女性都穿着硬衬布衬裙，甚至连图中推着原始婴儿车的小女孩也不例外。

美，而当她们在周日身着礼服时，要辨认出她们来自劳动阶层几乎是不可能的事"。裙子持续膨大化，因此在这个年代的前半期，女性要在裙子下面穿着大量的衬裙来获取所希望的效果。衬裙的重量最终达到了让人无法忍受的地步，因此在 1856 年，它们被"笼型硬衬布衬裙"（cage crinoline）和带箍衬裙（hooped petticoat）取代了。

在裙子里面放置裙箍类的支撑物，这当然不是第一次了。我们已经谈论过伊丽莎白一世时期笨拙的车轮鲸骨圆环（cartwheel farthingale）和 18 世纪侧边筐形撑裙（side paniers），但是新的**硬衬布衬裙**（crinoline，图 196）却是一种更为科学的装置，当时突飞猛进的技术已经让制造者们能生产出有弹性的钢箍，裙撑既可以作为一件独立服装，用带子固定在腰间，也可以被缝进衬裙里。

首次出现的硬衬布衬裙，对女性来说绝对是一个解放躯体的装置。女人们的身体不再被多层的衬裙所阻碍，而可以在她们的钢罩内尽情地移动双腿。当然，这也是有危险的，当时的讽刺画家因此非常乐意去描绘穿着硬衬布衬裙的女性在"遇到一阵大风时"的遭遇。腿部在当时依然是不应该暴露在外的，因此女性通常习惯穿着一条**亚麻庞塔龙长裤**（图

195）以避免意外发生，这种裤子在底边饰有蕾丝并且其长度有时能达脚踝。小女孩们也会穿着这样的庞塔龙裤，即便她们的裙子并没有这么长。露出饰有蕾丝边的庞塔龙裤在当时确实已经成为了文雅的标志。而那些支付不起整条裤子的母亲们，只好选择称为"庞塔莱特"（pantalettes）的长裤，它仅仅由两个白色亚麻裤管构成，长度止于膝盖。这种出于无奈的奇怪服装居然在当时非常畅销。

有一条时尚原则似乎是这样的，人们在认可一种夸张装扮后，它就会变得更为夸张。因此，到了这一年代末，这种由硬衬布衬裙支撑的裙子着实变得极其巨大，大到两位女士无法同时进入房间或坐在同一张沙发上。由于裙边占据了所有可利用的空间，一名女子此时好似一艘宏伟的轮船，骄傲地领头行驶，而一艘小船——她的男性同伴——则跟在了后头。

这样的装扮并不是没有人反对的。甚至早在硬衬布衬裙发明之前，

图195（左） 穿着带有硬衬布衬裙的裙装和庞塔龙裤的女孩们，1853年。

图196（右） 带硬衬布的衬裙，约1860年。衬布裙撑为圆环形状，由八个有弹性的钢丝箍构成。

就已经有关于一场提倡女性合理着装的新运动的传闻从美国传来。令人尊敬的**布鲁姆夫人**（Mrs Bloomer，图 199）于 1851 年到访英国，来宣扬她的信条并试图向女性推广她的明智的但显然不太女性化的服装。这种服装由一件简化版的、时下流行的紧身上衣（bodice）和一条长及膝盖下方的非常宽大的裙子组成。而在裙子下面，可以看到一条长及脚踝的灯笼裤（baggy trousers），底部往往还装饰有蕾丝褶边。这种对女性裙装所做的非常适度的改良尝试，却引起了人们几乎是难以置信的热切关注、嘲笑和谩骂的爆发。所谓的裤装情节开始发挥影响了。女性似乎正在为"穿着裤装"而努力，而维多利亚中期的男性则将其视作是一种

图 197　1859 年 9 月巴黎的潮流服饰。

图 198 《在剧院包厢中》，引自《Le Follet》（当时巴黎的一时装版画周刊——译注），1857 年。
那个没有身着低颈露肩款式的女子可能是一个女仆或者剧院服务员。

图 199　阿梅利亚·布鲁姆夫人（Mrs Amelia Bloomer），约 1850 年。布鲁姆夫人对女性裙装的非常适度的改革尝试遭遇了一场敌对和嘲笑的风暴。

对他们自身特权地位的无理抗击。作为忠实反映 19 世纪中产阶级观点的一面镜子，《笨拙周报》（*Punch*）（伦敦出版的符合中产阶级趣味的幽默刊物——译注）刊登了大量卡通画以强调这种可能会发生的性别革命将造成的后果，一个让胆小男性完全屈服于他们的布鲁姆式的配偶的世界。

妻子将跟丈夫一样，如果他不能迅速让他的妻子脱去布鲁姆童装的话，他将不得不穿一件长袍。

然而，作为试图影响当时时尚的一种尝试，"布鲁姆运动"是完全失败了。很少有"进步"的女性愿意接纳这种服装，而上流社会拒绝做出任何改变，因此"布鲁姆夫人"不得不等待了将近五十年，到女性为了骑车而选择穿着"布鲁姆灯笼裤"（bloomers）时才得以实现复仇。

在处于男性统治巅峰的19世纪中期，她的尝试自然是过于超前了，而在这个重男轻女的时期，两种性别的服装呈现出了极尽可能的明显差异。若有一位来自火星的访客，看到身穿双排扣长礼服、头戴大礼帽的男士和穿着硬衬布衬裙的女士，那他很可能会认为他们属于不同的人种。而硬衬布衬裙必然与它盛行的时代之间存在一种象征性的关系。一方面，它象征着女性的生育能力，因为臀部尺寸明显的膨胀似乎总是起到这样的作用。在那个大家庭的年代，伴随着婴儿死亡率较之先前有所降低，英国的人口快速地增长了起来。

在另一方面，硬衬布衬裙标志着一种假设的不可接近的女性形象。撑开的裙子似乎在说："你不可以太接近我，甚至不能亲我的手。"但是

图200 《引起所有人的回头！》，查尔斯·韦尼耶（Charles Vernier）。男装和女装的廓形从来没有像1860年这样有着如此巨大的差异。

很自然地，这种巨大膨胀的裙子是一个假象，它本身其实是一件诱惑的道具。正如我在其他书中所写的："当我们从版画上看到那些身着像过时的茶壶罩般的裙子的女性，我们倾向于认为这种结构是结实和固定的，然而真相却非如此。硬衬布衬裙是处于一种从一侧倾向另一侧的持续摇动的状态的（图 200）。它颇像一只静不下来的系留气球，只不过形状像是因纽特人的冰屋。它一会摇摆至一侧，一会又摇摆至另一侧，微微上翘，还前后摆动。在钢箍一侧施加一点压力，都会通过弹性传到另外一边，造成裙子一个明显的上提。也许是这种上提效果让维多利亚中期时代的男性产生了一种复杂的脚踝情结，也因此造就了靴子的新风尚。"[《品位和时尚》（*Taste and Fashion*）]。在整个 1840 年代，无跟拖鞋在女性鞋履里的比例减少了，尤其鲜少被用来与蓬松的裙子搭配；而靴子流行了起来，鞋跟变得更高了，并且鞋带会系到小腿中部。硬衬布衬裙显然不是一件有道德感的服装，而让衬布得到最大发展的法兰西第二帝国时期也不是一个有道德感的时期。第二帝国的社会历史是一段"大荡妇"（grande cocotte）的历史。

显然，硬衬布衬裙和第二帝国之间有一种象征关联，伴随着的是帝国的物质繁荣，它的浮夸，它的扩张主义趋势，以及它的虚伪。而穿着硬衬布衬裙的皇后就是**欧仁妮皇后**（图 201）本人。她可能是最后一位对时尚产生直接而迅速影响的皇室要人了，而穿着硬衬布衬裙使她的风格趋于完美。在她在位时期，没有谁能比她表现得更傲慢且令人印象深刻了。而同时，服装设计师们展开了新的竞赛，以期颠覆整个高级女式时装的世界。

在此以前，时装设计师的地位相对卑微，须去女士们家中约见她们。且大部分设计师为女性。而在这个时期，M. 沃斯（M. Worth），尽管他是一个英国人，但他却在十年内让自己成为了一位巴黎时装界的独裁者，规定了女士们（除了欧仁妮皇后和她的宫廷贵妇们）必须去拜访他。法国历史学家伊波利特·泰纳（Hippolyte Taine）曾描述过这一景象，女士

图 201 《欧仁妮皇后和她的未婚侍女们》，F. X. 温特哈尔特（F. X. Winterhalter），约 1860 年。

们非常渴望穿上沃斯设计的服装，故而甘愿在他家的客厅里等待。

"这个瘦小干瘪、皮肤黝黑而神经质的男人，身着天鹅绒外套来接待他的顾客们。他随意地躺在长沙发椅上，嘴上叼着一根雪茄，对女士们说，'走一下！转身！很好！一周后再来，我保证能为您完成一件适合您的礼服'。服装并不由女士们而是由沃斯本人决定。但女士们对能由他来决定非常高兴，而得到这样的服务甚至需要通过介绍。B 夫人是一位上流社会的名人，而且十分优雅，她上个月去沃斯那里想要定制一款裙装。'夫人，'他说，'您是谁介绍来的？''我不明白是什么意思。''我很抱歉但您必须通过介绍人才能让我定制服装。'她转身离开，愤怒得几乎喘不过气来。但是其他人仍留了下来，声称：'我不在乎他怎样粗鲁，只要他能为我做衣服就行了。'"沃斯很快就有了无数的效仿者，但几乎没有谁能抢走他的风头或企及他的成功。

图202 沃斯的硬衬布衬裙裙装，约1860年。由于沃斯不会绘画，他通过平版印刷品获得人物的头部和手臂，然后再约略地补充上裙装。

　　硬衬布衬裙存在了大约十五年，并在这期间经历了一些变化。大约在1860年，它达到了其最大的尺寸。在当时，裙子向正面和向背面伸展的距离是一样的。裙子看起来像一个蜂巢，不仅从前面，而且从侧面看也是如此。腰部非常收身，而紧身上衣是贴合身形的；但在户外，女性还要穿着一款长披肩（shawl）或曼特莱特披巾（mantalette），因此女性的一般身形轮廓为一个底边很宽的三角形，这种效果因佩戴在头上的小小的软帽（bonnet）而显得更为明显。这一时期的软帽开始从前额向后偏移，以展示前额的头发。再往后到1860年代中期，硬衬布衬裙开始向裙子的后方倾斜（图203），使得正面裙摆变得直了一些。到了1868年，变化更大了，裙子的膨胀外形全部移向后方，从真正意义上变成了只有一半的硬衬布衬裙。裙子背面使用了大量面料，底部以裙裾结尾，而到1860年代末期，硬衬布衬裙被完全去掉了，裙裾向上绕成了裙撑（bustle）的一种，即下一个年代的典型廓形。事实上，硬衬布衬裙作为第二帝国的标志，与帝国一起像一个被刺破了的气球似的坍塌了。在街上，

图 203　1864 年 6 月伦敦和巴黎的时髦装扮。硬衬布衬裙开始朝背后倾斜，并且不再是一个规整的圆形了。

图204 《庭院中的女人》，克洛德·莫奈（Claude Monet），1866年至1867年。甚至在身着轻薄的夏装时，硬衬布衬裙依然被女性视为必需品。

对年轻女性来说穿着一条稍短一些的裙子是很时髦的，裙子可以用系带提高一点以展示内层裙子。但这种时尚稍纵即逝，裙子在1870年代便呈现出过度冗长拖沓的形态。

随着法国在1870年的战争失败以及随后一系列的争端，巴黎暂时离开了服装舞台，并且经过了好长一段时间才恢复其优势。在当时的作家的见证下，一种较为简朴的风格回归了，虽然以我们现在的眼光来看，1870年早期的裙装依然过于繁缛和奢华。它们甚至还带有一点炫耀成分，这是受到了两个新发明的影响，其一为缝纫机，而另一个则是苯胺染料的引入。上个年代的柔和色彩一去不复返了，取而代之的是各种各样的明亮色调。为紧身上衣安排与裙子不同的色彩是很时髦的。裙装会由两种不同的面料裁剪而成，一种为有图案的，一种为素色的，素色面料部分饰有图案面料，图案面料部分则饰有素色面料。这种效果有点像是一条拼布床单。一位作家在《年轻的英国女人》(*The Young Englishwoman*，1876年）杂志中抱怨道："现在无法精确地描述裙装了：裙子故弄玄虚地打褶，装饰物通常分布在一侧，系在裙子上的装饰矫揉造作得很是奇怪，即使我花一刻钟去研究一种特定的装扮，要完成关于它是如何被做出来的这个写作任务，仍然是无望的。"

软帽在当时又让位给了帽子，非常小的帽子被固定在前额，而女性的头顶上还会使用大量头发来做成巨大的编成辫子的假鬓或发卷（图206）。这种新的时尚造型需要的发量之多，让女士们自身的头发无法满足全部需求，因此需要进口大量的头发，并将它们做成"斯凯尔帕提斯"（scalpettes）和"弗里泽提斯"（frizzettes）这样的发型。从侧面看发型，其在脑后的形状与穿着者裙子背后的形状形成了一种奇怪的呼应。

裙装有两种款式，一种为一件式（所谓的"公主"风格），另一种为由分开的紧身上衣和裙子构成的款式。紧身上衣夹克（jacket bodice）从上个年代延续了下来，并且连着短款或长款的巴斯克衫（basques），形成一种像罩裙一样的款式（图207）。下身的宽松裙子，采用对比强烈

图 205　1869 年 3 月伦敦和巴黎的时髦装扮。这时候的廓形在正面呈现笔直垂落，
而硬衬布衬裙即将被衬垫取代。

图 206 头饰，1870 年。

的面料或颜色，有时也会与上述的服装一起穿着；相似的效果也可以通过穿紧身胸甲（cuirasse bodice）来实现。胸甲出现于 1874 年，其正面往往会有一个用不同面料做成的胸饰（plastron）。这种紧身胸甲非常贴身，长度延伸到臀部。因此在里面穿长款紧身束腹（corset）是很必要的，但那些不想在家里仍受其折磨的女性，则会选择穿衬衣（blouse）。衬衣的袖子通常为窄款。人们有时还会穿罩裙（overskirt），其两侧以各种各样的形式进行打褶，并且如我们所看到的，在 1870 年代早期，背后成束隆起形成一个裙撑。

　　"公主"风格裙装可以有很多种类，最受欢迎的一种为波兰连衫裙（polonaise），它有时会在正面从上至下钉一整排的扣子。随着狄更斯的《巴纳比·拉奇》（*Barnaby Rudge*）的畅销，"多莉·瓦登"（Dolly

图 207　《裁缝与裁剪师》（*Tailor and Cutter*）中的时装版画，约 1870 年，这一时期将有名人物的头像粘在时装版画上的一个有趣的实例。

El Daoud Deas Paris

Imp Lemercier & C.ie de Sance S.t Paris

The Duke of Edinburgh.　The Grand Duchess Marie Alexandrovna.

图 208 女士和孩子的裙装，1873 年 9 月，引自《贵妇期刊》（*Journal des Demoiselles*）。

Varden）裙产生了。这种裙子的面料通常为印有明亮图案的印花棉布（chintz 或 cretonne），天真梦幻的穿着者会幻想它属于某种 18 世纪的服装。与之配套的还有一项向前额倾斜的阔边花式帽（picture hat）。在这一年代末期，一种针织服装出现了。让其成为时髦的人是兰特里夫人泽西百合花（Mrs Langtry，"Jersey Lily"），因此这种服装也被称为"泽西装"（Jersey dress）。另一个变化是出现了茶会女礼服（tea gown），其款式非常宽松，让女性可以丢弃掉束身内衣来轻松地穿着。它起初意在作为一种晨衣（robe de chambre），其名字也证实了它起源于法国。到 1870

图 209 《穆瓦特西耶夫人》(*Madame Moitessier*)，安格尔（J. -A. -D. Ingres），1844/1845—1856 年。

图 210（上） 《德比马赛日》，威廉·鲍威尔·弗里奇（William Powell Fritch）1856—1858年。

图 211（下） 《伦敦公共汽车里的人们》，威廉·艾格利（William Egley），1859年。在该世纪中期，硬衬布衬裙依然处在全盛期，尽管它给狭小的公车车厢带来诸多不便。

图 212　女士和孩子的服饰，1877 年 3 月。

年代晚期，它变得非常精致，被加上了许多褶边、荷叶边并布满了蕾丝（图208）。它基本上是主妇们的长袍，在搭配上总会加上一顶蕾丝便帽。

到了这一年代的中期，在裙后方聚拢的裙撑消失了。虽然裙子后部依然很丰满，但其膨胀的程度已减低了一些，而让罗斯金（Ruskin）等

图 213 晚礼服，约 1877 年。

人感到厌恶的是，裙装，甚至是常礼服都带有一个令人惊讶的长长裙裾（图212、213）。罗斯金指出，这样的款式无疑是非常不卫生的。裙摆被这样极端的方式束缚住了，我们可以从大约是在1876年的《笨拙周报》（Punch）中看到，有一系列的卡通画描绘了当时穿着裙摆极窄的裙装的女性，她们无法坐下来或者走上楼梯。女性的腰部被残忍地勒紧，可以说，在外面穿上束腹之后看起来显得更细了，束腹作为紧身上衣的一部分，正面的形状为尖端向下的尖角。这种款式风靡于1880年代早期，裙子从束腹紧身上衣（corset bodice）的下层露出来，水平地打褶使腰部看起来愈加纤细。在1880年代中期，裙撑又回归了，但却是另一种不同的形式（图214、215）。它从腰背部开始水平向外，但是其支撑的结构却和1870年代早期所使用的马毛装置完全不同。我们可以从当时的一则广告上看到，"这种编织线的健康裙撑，保证能比其他装置容易

图214（对页） 《太早了》，詹姆斯·蒂索（James Deseo），1873年。门口的绅士随身带着他的"折叠式大礼帽"（gibus）进入了舞厅，这是当时的着装规范。

图215（上） 《大碗岛》，乔治·修拉（George Seurat），1884—1886年。1880年代的裙撑与1970年代的相比有很大的不同。

图216（下） 晚礼服与访客礼服，1884年。在线框上还有另外一个裙撑的极端款式。

让脊柱散热"。还有一种**"兰特里"**（Langtry，图 218）裙撑，是金属条围绕一个枢轴的设计。它可以在女性穿着者坐下时被提起来，而当她抬起脚时会自动地弹回到原来的位置。这简直是整个服装史上最为杰出的发明之一。

要研究 1880 年代的服饰就不可遗漏一些涉及**唯美服饰**（Aesthetic costume，图 217）和理性着装运动（the Rational Dress movement）的文献。作为对当时丑陋时尚的一种反抗，一些知识分子们开始穿着受拉斐尔前派（Pre-Raphaelites）作品影响的服装。他们基本追随了绘画里的服装廓形，不过他们的服装却有着更宽大的长袖，并且不穿束腹，脚穿无跟的鞋子，发型则被处理为更加柔软和随意。《笨拙周报》讽刺了这些服装，特别是男性的唯美服装：及膝马裤，天鹅绒夹克，垂落下来的领带和"完全清醒帽"（wideawake hat）。奥斯卡·王尔德（Oscar

图 217 《互相吹捧俱乐部》，乔治·杜·莫里耶（George du Maurier），1880 年。对唯美主义者服饰和态度的嘲讽。

图218（左组） 裙撑广告。1870年代的马毛裙撑和1880年代的"科学"裙撑。这种"健康裙撑"与其他裙撑相比，因不会在脊柱部位产生过多的热量而受到推崇。"兰特里"裙撑能折叠起来让穿着者坐下，而她站起来时又弹回原位。

图219（下）《招待会》，詹姆斯·迪索，1886年。对服装史学家来说，19世纪的画家中没有人能比迪索更值得借鉴了。他对那一时期的装扮观察入微，并能一丝不苟地精确描绘出来。

图 220 《野餐》，詹姆斯·迪索，1875 年。便装，绘于迪索在圣约翰林的自家花园。

Wilde）在美国巡回演讲时就是这样的穿着，他被认为是与唯美主义和理性着装运动有关联的。在吉尔伯特（Gilbert）和沙利文（Sullivan）的歌剧《忍耐》（*Patience*）里的角色邦索奥纳（Bunthorne）也是这样的穿着，这部歌剧旨在将整个唯美主义文艺思潮作为嘲笑的目标。理性着装运动起源于 1881 年，其成员对当下时尚中的不健康服装表示关注，并特别反对紧身和变形的束腹，以及衣服中没有必要的多层设计、填充物以及连接物。这场运动虽然在当时受到不少人的鄙视，但它最终实现了自身的目的。随着女性开始在生活中进行更多的活动，僵硬的束腹就变得不那么时髦了。

图 221（对页）《雨伞》，雷诺阿（Renoir），约 1884 年。对研究那一时期的普通的中产阶级和劳动阶级的服饰来说，雷诺阿是一位非常有价值的人像画家。

这个时期的普通男性服装与前十年相比有了一些改变。人们只在晚上穿燕尾服（cut-away coat），并会为其装饰黑色的丝质贴边。而双排扣长礼服（frock coat）在这个时候成为了人们白天在城里活动的主要服装。晨礼服（morning coat）则是另一种选择，其底边为弧线裁剪，长度止于臀部之上，扣子一直往上扣至胸部位置。短夹克在年轻人中越来越流行，特别是在牛津和剑桥这两个地方。人们还会穿着"双排扣水手夹克"（reefer），尤其是在进行帆船运动时。运动的影响在这一时期变得十分显著。所有种类的新兴运动都深受人们的喜爱，这就为运动参与者选择各种舒适的白天正装提供了可能。在射击时，男性会穿着一种带有特色皮带和纵向褶裥的诺福克（Norfolk）夹克，以及一条连着绑腿的非

图 222（左） 男女骑车服装，1878—1880 年。

图 223（右） 男女海滨服装，1886 年。

图224 英国春夏装，1884年。

常宽松的及膝马裤。搭配这身装束的帽子，质感十分柔软，有的像后期的小礼帽（homburg）那样帽冠上有一个凹陷。板球服装则和我们今天的一样，不过当时允许穿着色彩鲜艳的汗衫。亮色的便西装（blazers）在这一时期开始变成了时尚。

针对像骑脚踏车这样的新式运动，由于当时脚踏车仍处在"前轮大后轮小"的阶段，一种特殊的服装被设计了出来（图222）：紧身及膝马裤，非常紧身的军装风格夹克以及一顶小药盒帽（pillbox cap）。而真正地道的穿着者还会手持一个喇叭以提醒路上的行人。这种特殊的装扮并没有被法国和德国接受，虽然脚踏车在当地几乎也同样地流行。

最受欢迎的外套是软领长大衣（chesterfield），它最初长至膝盖，后逐渐变短（图224）；用诸如米尔登猎装呢（miltons）、精纺毛织物（worsteds）和切维厄特绵羊毛（cheviots）这样的面料制成，颜色为黑色、棕色、蓝色或灰色。它通常拥有丝质贴面装饰，并用穗带饰边。顶级礼服几乎是双排扣长礼服的翻版，当然只是被剪裁得更宽松一些，通常用更为厚实的面料制成。因弗内斯（Inverness）和阿尔斯特（ulster）为披风的款式，或者更应该称作半披风，它们都与大衣相连。带有披肩的短款双排扣外套，其披肩有时候会以皮草饰边，被称为"格莱斯顿"（Gladstone）外套；另一种变体则带有一个半圆披风，被称为"阿尔伯特"（Albert）外套。在晚上，燕尾服（tail coat）依然是所有正式场合的必备服装，但是越来越多的人会穿着礼服夹克（dinner jacket）在家里或者去俱乐部用晚餐。女士们歇业后，是可以穿吸烟服（smoking jacket）的。吸烟服的款式与礼服夹克很像，但它的内层几乎都絮有填充物，这可能是为了保暖，因为在乡间别墅的吸烟室和桌球房里通常是没有暖气的。

　　1890 年代的男装与 1880 年代的相比几乎没有什么不同，只不过增加了休闲服装的使用。在城里，无论是拜访亲友，还是海德公园那些周日做完礼拜从教堂走出来的人群，不穿着双排扣长礼服或是晨礼服都会被视为是非常"缺乏教养的"。西装便服（lounge suit）的面料可以是蓝色哔叽（serge）或是印有图案的花呢（patterned tweeds）。被允许与其相搭配的，是一件昂贵的马甲，有时会印有极其鲜艳的图案，虽然《裁缝与裁剪师》（*Tailor and Cutter*）在 1890 年刊登的一则劝告表示"腹部凸起的男士，需谨慎运用色彩和图案，因为它们会使腹部更加吸引人的注意力"。长裤在 1890 年代早期为灯笼裤变体（peg-top variety），而时髦的年轻男士开始在穿着它们的时候卷起裤脚边。但这样的装束在当时仍然不受人们待见，当刘易舍姆子爵（Viscount Lewisham）在 1893 年以这样的穿着出现于下议院时，着实造成了轰动。

　　领带和领结可以被系成不同的式样。有的形状是现成的。领子的高度在那个年代里不断地增高，直到它变成一真正的"颈箍"（choker）。

图 225（对页）　《索尼亚·尼普斯肖像》，古斯塔夫·克林姆特（Gustav Klimt），1898 年。

裙撑终于从女性服装中消失了，一起消失的还有 1880 年代特有的水平布局的裙饰织物。裙装在造型上缓缓顺过臀部，并通过对角剪开的方式更舒适地贴合身体。裙子很长且呈钟形，通常都拥有裙摆，甚至穿着上街的裙子也有裙摆。常礼服为高领款式，并会饰以褶饰或一个大薄纱蝴蝶结。女性会穿着饰有大量蕾丝的衣服，甚至连白天穿的衬衫也以蕾丝精心地装饰。有一些夜礼服整件用蕾丝制成，而且在这一时期充当重要角色的衬裙（petticoat）上也会大量使用蕾丝。由于女性在穿过街区时必须用手将长长的裙子提起，这种姿势不可避免地使衬裙的褶边显露出来，因此衬裙在这一时期似乎带有很大成分的情色吸引力。这一年代初期的袖子，不是在肩膀位置耸得很高，就是显得非常窄。但到了 1894 年，袖子开始变得巨大，一些袖子大到需要用衬垫来使它们固定（图 229）。这样的袖子对于戏装和舞会服装来说甚至是必不可少的，这一规定使得任何历史时期都无法在舞台上得到准确的表现。

此时，骑脚踏车已经成了十分流行的活动。这迫使女性不可避免地去穿着**上下分开的服装**（图 226），因为骑脚踏车

图 226 骑车服装，1894 年 3 月。

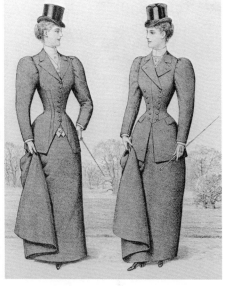

图 227　在花园里，1891 年。　　　　　图 228　骑马服装，1894 年 2 月。

时穿着拖尾长裙是完全不可行的。单独分开的裙子是一种解决方案，另外还有一种称为"布鲁姆裤"（bloomers）的松垮的灯笼裤。它所引起的反响与先前 1850 年代布鲁姆运动几乎是一模一样的。这种裤装被报界嘲笑，并遭到了教会的谴责。然而这一切都是徒劳无功的，年轻女性继续穿着它们。人们对所有户外运动所表现出的新热情，的确使得她们在通常情况下会去穿更为合理的服装，而女式西服（tailored suit）在当时是一种新风尚，包括夹克、裙子以及"衬衫式连衣裙"（shirtwaister）。一个奇怪的现象是，女性参加户外活动（工作）时她们坚持穿戴男士的帽子和男性的白色硬领。女性的运动服装（图 228）一般都比较沉重，用土布（homespuns）或粗花呢制成，通常为暗色调。

这个年代的帽子都非常小，直直地扣在头顶上。户外服装由斗篷（mantle）、披风（cloak）和披肩（cape）组成，前两个术语或多或少是可以互换的。但是披肩，通常要短一些，紧贴肩部，长度及腰。早期的斗篷往往有着高及耳根的美第奇领（medici collar），并通过金属丝来固

图 229　秋季外出服，1895 年。
1890 年代气球袖的极端形式示例。

图 230　在赛马会上，1894 年。

定其位置。许多女性会穿男性化的软领长大衣和四分之三长度的外套。鞋子根部相对比较高，为圆头式样，在正面系带。靴子有系带的也有扣扣的，为皮质或布质。袜子几乎都是选择黑色，白天的款式系用莱尔线制成，晚上则为丝质。女性在夜晚配戴一副长款小山羊皮手套是非常时髦的，手套有时会带有多达 20 颗的扣子，她们还会手持一把弯曲或笔直造型的鸵鸟羽毛扇。女性还会佩戴大量的珠宝，基本上为非常明亮的色彩以及对比色（图 232），其中黄色最受人们喜爱。因此，那个年代最受欢迎的出版物被命名为"黄皮书"（*The Yellow Book*），是一点也不令人感到意外的。

　　政治事件无不对时尚产生着影响。巴黎的统治依旧是无可争议的，法国政府在此时倾向于同俄国结盟。俄国舰队于 1893 年造访土伦

图 231　旅行服装，1898 年。

图 232　步行服装，1899 年 2 月。

（Toulon），三年后，在人们巨大的热情中，沙皇本人亲自来到了巴黎。对俄国的热情为皮草的流行拉开了序幕，皮草同时受到了女人和男人们的喜爱。在这之前，皮草几乎是只被男性穿着的。这个局面在当时发生了一定程度的扭转，女性不仅将皮草用于饰边，还会穿着整件皮草外套；而男性皮草外套的穿法，则是将皮草的面当作里层，只在领子和克夫处翻露出皮草来。

　　总的来说，1890 年代是一个改变传统价值观的年代。随着南非的百万富翁和其他新贵们大举进攻贵族统治的堡垒，古老严肃的社会形态很明显地被打破了。这为年轻人提供了一个呼吸自由空气的机会，无论从他们的运动装扮还是从日常装扮的夸张元素中都能体现出这一点。显而易见，维多利亚时代已接近尾声了。

图 233　韦尔泰梅（Wertheimer）姐妹，约翰·辛格·萨金特（John Singer Sargent），约 1901 年。

第九章　从 1900 年到 1939 年

　　从 20 世纪初到第一次世界大战爆发的这段时期，在英国通常被称为"爱德华时代"（Edward era），虽然这位国王早在 1910 年就已过世了。在法国，比这个时期略微向前延伸一些，从 1890 年代中期开始算起，被称为"美好年代"。而这两个国家的氛围，在当时也十分地相似。这是一个炫耀浮夸的年代。在英国，虽然社会和宫廷在过去当然也总是会有所重叠，但从这时开始保持一致并由国王本人带头，上行下效。正如弗吉尼亚·考尔斯（Virginia Cowles）评论的，"国王喜爱实业家、百万富翁、犹太人的笑话以及美国女继承人和漂亮女人（不在乎他们的出身背景）的事实，意味着成功的大门是向任何能激发这位君主的想象力的人敞开的……爱德华时代的社会模式正适应了国王的个人需求。所有的物品都比原本的尺寸大。一时间，舞会、晚宴和乡间别墅聚会大量地涌现。这时候的人们与以前任何时候相比，会花费更多钱来购置服装，消费更多的食物，赛马会上投入更多的马，爆出更多的丑闻，捕猎更多的鸟，为更多的游艇支付佣金，且更加晚睡晚起。"[《爱德华七世和他的圈子》（*Edward Ⅶ and His Circle*），伦敦，1956 年]

　　时尚总是能够反映出时代背景。和国王的个人偏好一样，一种冷酷、

图 234　晚礼服：《它得到了奖赏》。引自《格调杂志》(*Gazette du Bon Ton*) 的时装版画，1914 年。

图 235（对页）　保罗·波烈（Paul Poiret）设计的女子夜礼服，《艺术—品位—美》(*Art-Got-Beauté*) 杂志封面，1923 年 3 月号。

Créations
PAUL POIRET

Art - Goût - Beauté

气势凌人却拥有丰满胸部的成熟女性形象在当时备受推崇，而其效果通过所谓的"健康"束腹（corset）获得了极大的加强。这种束腹竭尽可能地来使腹部避免受到一种向下的压力，让前面的身体严格地呈现挺直状态，而同时让胸部向前突出，臀部向后突出。具有那个时期特色的独特的"S"形体态就这样被塑造出来了。裙子从臀部轻柔地拂过，向外散开而垂至地面，形成钟形。层层叠叠的蕾丝，从胸衣（corsage）位置往下方延伸；的确，当时的人们对蕾丝的热情已遍及了礼服的每一处地方。而那些无法支付真正蕾丝的人，让爱尔兰钩边（Irish crochet）在当时成为了一种醒目的风尚。女人们的头发被高高地打造于头顶上，并戴着向前突出的平薄饼帽（flat pancake hat），像是要与裙裾形成一种平衡感。在晚上，裙装的款式极其袒胸露肩，但是在白天，女性的整个身体

图 236、图 237（对页左、右） 边缘装饰绦带（silk braid）和蕾丝的春装，1900 年 5 月。

图 238（右） 向前挺直的束腹，1902 年 2 月。

图 239（下左） 雪纺连衣裙（chiffon dress），1901 年。

图 240（下右） 晚礼服，1901 年 9 月。

图 241（上左） 夏装，约 1903 年。

图 242（上右） 丝质晚礼服，1911 年。

图 243（下） 蕾丝晚礼服， 1907—1908 年。

实拍的裙装照片显示了面料的材质。

图244（上）在1908年5月的珑骧（Longchamp）赛马会上，所谓的"奇幻"（Merveilleuse）裙装引起了轰动。这些裙装带给人一种奇怪的错觉，无论在哪方面都很像是1790年代轻薄的"帝国"服装。

图245（下）1908年的裙装。"吉布森女孩"（Gibson Girl）时期，丰满的胸部和旋转的裙子，由艺术家查尔斯·达纳·吉布森（Charles Dana Gibson）所创造。这种形象来源于美丽的兰霍恩（Langhorne）姐妹，她们中的一位嫁给了吉布森。

从耳朵到脚面都会被遮挡起来。小蕾丝领子由鲸骨撑来固定，而长长的手套总是遮挡住女性的手臂。女性会使用一系列的羽毛装饰，帽子上会点缀有一根或一些羽毛；羽毛围巾会围绕脖子进行佩戴。最佳范例是全部使用鸵鸟羽毛，有时候要花费十个基尼（guinea，英国旧时金币名——译注）。

人们不禁要问欧洲的气候在该世纪初的几年中是否会比之后要好很多：因为这个时期太多的衣装看起来像是为露天聚会而设计的，或者是为了在里维埃拉赌场里穿着的。在冬季，精英团体中的大部分人会成群结队地去蒙特卡洛和类似的地中海度假胜地。无论政界的协商怎样起起落落，英国的上流社会显而易见地，再一次追随了国王的典范，把法国和英国视为相同文化里的部分和一同享乐的落脚地。这一阶段被称为"上流社会最后的美好时光"，甚至连服装的色彩，都能反映出那些有足够金钱去挥霍的人们的快活的乐观主义心态。服装色彩都是柔和的粉色、淡蓝色或淡紫色，或者全身缝满小亮片的黑色。最受人们喜爱的面料为双绉（crêpe de chine）、雪纺（chiffon）、薄丝纱（mousseline de soie）以及薄纱（tulle）。许多缎面裙装上使用了一束束的小缎带来进行花朵图案的刺绣，或者甚至会用到手工描绘的方法。市面上制作一件时髦的礼服所需要的纯粹劳力是十分惊人的；有些款式还需要去寻找 18 世纪早期的刺绣织锦来进行对比。

女式衬衣（blouse）此时变成了极端精致的工艺品。它通过打褶和镶嵌来进行装饰。"一些衬衣款式，"一位当时的时装杂志作家写道，"用有凹槽棉布制成的圆形饰物，形成一道美丽而优雅的曲线，而这些饰物有着繁琐的造型。"波烈罗衫（bolero）在当时极其受欢迎，同样受到欢迎的还有所谓的伊顿紧身上衣（Eton bodice），款式很像男孩子的伊顿夹克。人们完全抛弃了 1890 年代的气球袖，而这个时候的袖子普遍在腕关节变得很紧，并且非常长，一直延伸到手掌的一半位置。先前仅仅是为了"能穿得更宽松一些"的茶会女礼服（tea gown），在这个时候其

图 246　女性高尔夫服装，1907 年。　　　　　图 247　常礼服，1907 年。

本身已成为了一件艺术作品。

　　这一时期的另一特征是，量身定做变得重要了。相当大数量的中产阶级年轻女性现在开始通过自己的职业来谋生，诸如当女家庭教师、打字员和商店售货员，而她们在工作的时候是不可能穿着像我们之前所描述的那种精致的花园聚会礼服的。甚至富裕的女性在乡村或旅行时也会穿着量身定做的服装（图 246、247），而在当时被公认为是世界上最好的裁缝的英国的裁缝们，也因此获得了丰厚的收入。

　　对男性来说，适用于所有正式场合的服装依然是大礼帽搭配双排扣长礼服（frock coat），但是休闲套装（lounge suit）和洪堡帽（homburg hat）（其名称来源于威尔士王子经常去的德国温泉浴场）的搭配变得越发常见，甚至在伦敦西区都能看到。草帽极其受欢迎，人们有时甚至会将它与骑马的马裤（riding breeches）一起搭配穿戴；裤子变成很短的窄版，而年轻男子开始穿着带有固定翻边（turn-ups）且在正面有一道笔挺折痕的裤子，1890 年代中期烫裤机（trouser-press）的发明，让这种折痕的形成成为了可能。白色上浆的亚麻衣领极其高，有时会高达喉

图 248（对页左） 男性夏装，1907 年 7 月。

图 249（对页右） 散步装，1910 年。

图 250（右） 女性驾驶服装，1905 年 4 月。这种服装对于驾驶这个时期的敞篷车来说能很好地保暖，并且尤其能挡灰。

图 251（下左） 适用于划船的法兰绒套装，1902 年 7 月。

图 252（下右） 男性驾驶服装，约 1904 年。

咙的位置。这是一种对之前女性服装上的鲸骨支撑领的回应。

女性的廓形在 1908 年开始发生了微妙的转变。胸部不再被硬挤向前方，臀部也不那么向后突起了。罩着正面腰部的松软的女衬衣为人们所抛弃。"帝国"礼服变得时髦了（图 244），尽管它和拿破仑一世时期的时候完全不一样，但它依然有缩窄臀部的效果。这可以很明显地通过当时的束腹广告看到。帽子变宽了，因此产生了一种让臀部显得更窄的效果。

而后在 1910 年，女性裙装出现了根本的变化。对于这种改变是因什么而起在目前依然存在着许多争议，但很显然，俄国的芭蕾舞和保罗·波烈（Paul Poiret）都与此有关联（图 257—259），我们无须纠结究竟是谁更为重要。可以确定的是，随着由利昂·巴克斯特（Leon Bakst）任服装设计的《天方夜谭》（schéhérazade）的排演，一股东方的潮流被极其兴奋地掀了起来。服装的色彩非常显眼，甚至是过于鲜艳的，但社会大众却对此抱有极大的热情。先前的淡粉色系和"令人倾倒的淡紫

图 253（左）、图 254（右）被解放了的女性：窄底裙和系在两腿之间的吊袜带，1910 年。

图 255（左）、图 256（右） 新的廓形，顶部依然显得很沉重，但向足部逐渐变窄，见于 1914 年的赛马大会。

色"完全不见了踪影，而硬挺的紧身上衣以及钟形裙子也随着人们对柔软面料的喜爱而被抛弃了。裙子的下摆收得很窄，在 1910 年达到了极端，并因此变成了窄底裙（hobble skirt，图 253），它使得女性在走路时要迈出超过两至三英寸的步伐都很吃力。为了避免步幅过大而绷坏裙子，女性有时会戴一个编织带脚镣。每位女性，都好似下定了决心要让自己看起来像东方后宫里的奴隶一样，而妇女参政运动的示威游行正是在这一年发生了。一些女性甚至夸张地穿着窄小的"闺房"（harem）裤，让其从裙子底下显露出来，但由于这种装扮引起了巨大的反响，因此只有最大胆的人才敢这么穿。这种由极端的窄底裙和大帽子所组成的廓形，呈现出了与 1860 年的女性完全相反的，一个倒立的三角形的廓形。最受欢迎的裙装装饰不再是蕾丝，而换成了纽扣，人们把纽扣缝遍全身，甚至会在最意想不到的地方。

设计师行业兴盛了起来。露西尔（Lucile，即达夫-戈登女士，Lady

图 257　在家中，1913 年。一战前夕的优雅款式。

图 258—图 260（从左至右） 三款由波烈设计的服装，展示了受到东方风格的影响。左，"冰沙礼服"（Robe Sorbet），1911 年；中和右，1913 年的裙装。

Duff-Gordon），为莉莉·埃尔西（Lily Elsie）设计了 1907 年《风流寡妇》（*The Merry Widow*）中的服饰而崭露头角，她和波烈一样，推出了一个浪漫的东方主题。露西尔、因男装量身定制而闻名的查尔斯·克里德（Charles Creed）和雷德芬（Redfern），当时都在巴黎开设了分部。

1913 年，另一种惊人的变化出现了。裙装不再拥有高及耳根的衣领；而是由所谓的"V 领"取而代之。人们对这种变化抱以极大的热情。但它被神职人员谴责为不得体的暴露，并遭到医生们的谴责，指其对健康造成威胁。因此，一种在胸前呈含蓄的小三角开口的衬衣在当时被称为

战前时尚：

图 261（上左） 常礼服，1912 年。

图 262（上右） 帕昆（Paquin）设计的晚礼服，1913 年。

图 263（下） 常礼服，1914 年。

图 264（左）、图 265（右） 一战时期的实用装。

"肺炎衬衣"（pneumonia blouse）。尽管遭受到诸多抵制，V 领还是很快地被人们广泛接受了。衣领，如果在这时还能称之为衣领的话，以小美第奇领（medici collar）的形式出现在了颈部后方。

就在一战爆发前夕，女装在大体轮廓上又出现了一个改变。女性在又长又窄的，长及脚踝的裙子外面，再套了一条裙子，这是一种长度刚好在膝盖下方的束腰外衣（tunic）。帽子的形状也改变了，不再是极端的宽版，而是变得很小，且紧紧贴合于头部。羽毛依然是很时髦的，但不再弯曲地饰于帽边，而是笔直向上竖立着，并且装饰的两根羽毛通常彼此相交成一个角度。这类帽子在战争时期依然保存了下来。由于许多女性都参与了战争，她们认为这样两件式裙装，对战争工作来说是一种累赘，因此舍弃了里层的裙子，而只穿着束腰外衣或者罩裙（图265）。简单的量身定制装也非常流行，许多女性非常明智地认识到，在战时穿着夸张的裙装是很不合适的。事实上，这场战争跟所有的战争一样，对时尚起到了一种削减的作用，而在争端结束之前并没有多少有趣的东西是值得记录的。在 1918 年，人们曾试图推广一种国家标准服装（National Standard Dress），一种以金属搭扣替代吊钩和扣眼的实用服装，引用当时的话来说，它被设计成了一种集"户外礼服（outdoor gown）、室内礼服（house gown）、休闲礼服（rest gown）、茶会女礼服（tea gown）、晚餐礼服（dinner gown）、晚礼服（evening dress）和睡袍（night gown）"为一体的服装。在这个名单里面，睡袍显然是唯一令人感到意外的服装。对于那些经历了二战时期的面料限制和配给券的人，了解这件事是很有趣的。

1919 年，当人们开始重新重视时尚时，贯穿于整个战争的向外散开的裙子就被所谓的"桶形"线条取代了。其效果完全地呈现管状。裙子依然很长，但是试图要让身体置于一个圆筒里面。胸部呈现完全的中性化，而女性甚至为了去适应这种当下盛行的样式而开始穿着"紧束衣"

图 266 常礼服，1919 年 6 月。

图 267（左上） 晚礼服，1919 年。

图 268（左下） 常礼服和天鹅绒裙装，1921 年。

图 269（右） 软薄绸（foulard）丝质夏装，1920 年。

1920 年代早期：线条轮廓呈现管状，但裙子依然很长。

（flatteners）。腰部线条也随之消失了，当时已经出现了许多关于腰线下落至臀部位置的式样，这是该年代中期的一个非常典型的特征。

之后，对于许多人来说是丑闻的真正的短裙革命在1925年到来了。短裙在欧洲和美国都遭到了神职人员的谴责，而天主教那不勒斯总教区（Archbishop of Naples）甚至宣布，近期阿马尔菲（Amalfi）发生的地震是因为上帝反对长度不过膝盖的裙子而表达的愤怒。世俗的机构，尤其是在美国，也同样被惹恼了，美国不同州的立法者们试图再一次把他们的道德观强加于法律，而全然不顾事实上贯穿于整个历史的禁奢法律都仅仅起到微乎其微的作用。在犹他州，有一项法案规定：对那些在街上穿着"裙子高过脚踝3英寸以上"的女性将处以罚款和监禁；而俄亥俄州的立法机构颁布的一项法案，则试图禁止所有"年过14岁的女性"穿着"长度不能到达脚背部分的裙子"。然而这些努力一概不奏效。

一种新的女性类型在这时候出现了。新的情色理想是雌雄难辨：女孩们努力使自己看起来尽可能地像男孩。所有令女性在如此长时期受赞美的，展现身体曲线的款式，被完全地抛弃了。而且，好像要为她们所尝试的男孩风格做最大的努力一样，所有的年轻女性都剪短了头发。墙面板式的短发造型（Shingle）取代了1920年代早期的波波头（bob），使得发型更为贴合头型。甚至连年长的女性

图270 夏装，1926年。短裙和性别难辨的廓形在这个时候产生了。

图 271　在丽兹酒店的女士们，1926 年 4 月。

都不得不追随这种流行，这是因为钟形帽（cloche hat）在当时已经得到了普及，而它使女性无法保留长发。到 1927 年初，人们甚至认为这样的装扮依然是不够的，于是墙面板式短发又被伊顿式发型（Eton crop，男式女子短发）所取代了。此时除了涂了口红的唇部和描绘过的眉毛，已经无法从其他方面来区分一个年轻女子和一个男学生了。

这些新式样所带来的一个令人好奇的结果是，它们大大削弱了，至少是威胁到了那些非凡的巴黎高级时装店的统治地位。法国女性本身看起来并不像男孩子；她们并不像同时期的英国女性和美国女性一样，能很容易地去适应这种新风尚。当时的一位评论员评论说，"消瘦的英国女人，在两代人中她们的享乐生活里都缺少大量观看类似《巴黎人的生活》这样的谐歌剧的机会，但她们现在却成为了一种公认的美人类型。"许多在"美好年代"里创造了辉煌的巴黎著名的公司，如杜塞（Doucet）、道维莱特（Doeuillet）以及德考（Drécoll），在这个时候纷纷关门；甚至连波烈，这位在 1910 年大大革新了时尚的人，也意识到自己与时下的流行格格不入了。新的名字涌现了出来，而他们中的很多人是女性。帕昆夫人（Madame Paquin）虽然是一家成立很久的公司的老板，但她依然顺应了新的潮流。马德琳·维奥内（Madeleine Vionnet）也以很大的热情接纳了这种时尚；但是在 1920 年代最具有出色的革新天赋的则无疑是"可可"香奈儿（"Coco" Chanel，图 274），只有数年后出现的令人称奇的艾尔莎·夏帕瑞丽（Elsa Schiaparelli）才能与她相提并论。这两位女士不仅仅是服装设计师，她们还是当时整个艺术运动的一个重要组成部分。香奈儿女士是科克托（Cocteau）、毕加索（Picasso）和斯特拉文斯基（Stravinsky）的亲密友人。而夏帕瑞丽夫人在当时取得了不可思议的成功，据估计，1930 年她在康朋街店铺的年营业额大约为一亿两千万法朗。她拥有的 26 家工作室雇佣了超过 2000 名的员工。

图 272（左） 女士花呢套装，1929 年。
图 273（右） "紧束衣"试图让胸部显得平坦，1924 年。

令时尚界人士对她倍感震惊的是，她把"优质工人阶级服装（good working-class clothes）"引入上流社会。她曾因衣着"阿帕奇羊毛衫"（apache）进入丽兹酒店而受到谴责，但是无论她的服饰怎样地简单，总是带有一分优雅，足以让每个人都心生羡慕并纷纷效仿。

时尚的功能在于变化，很显然地，到了1920年代末期，一种新的风格将要形成了。裙子在1927年达到了短的极致（这里的极致，指的是进入现代社会之前）。裙子变得很短并不符合所有人的利益。丝袜的制造者们倒是对这种风潮感到非常高兴，然而这个时期过于节省的裙装并不能使面料制造商或者配件设计师们获取很大的利益。显而易见地，人们试图让裙子再度变长，并且，正如经常发生的那样，最开始的尝试发生在晚礼服上。裙子依然保持很短，但它有时会带有一较长的薄纱罩裙；或者会在侧缝加入长长的布片。

另一种权宜之计，也是极其难看的款式，即让裙子的背面比正面长，甚至出现过在正面长度到达膝盖，而在背面是拖尾长裙的裙子式样。这种难看且荒谬的时尚持续了将近一年。

之后，随着这一年代接近尾声，裙子突然又变长了，腰线也重新回到了正常的位置。时尚似乎想说："派对结束了，光辉的年轻事物死了。"正如在1820年腰线回归到正常位置象征着一场新家长式统治的运动那样：在

图274　香奈儿设计的裙装，1926年4月。

图 275　在切斯特赛马会上，1926 年。女性服装上出现的男性化元素。

图 276（左） 午后大衣，1928 年。

图 277（右） 在赛马会上，玩骥，1930 年。裙子即将再度变长，而腰线也即将回到正常位置。

经济方面，美国衰落了；在政治方面，希特勒上升了。风靡了将近十年的钟形帽被抛弃了，女性因此可以再一次养长头发了。长袖又一次地出现了，但是 1930 年代早期的时尚与一个世纪以前的时尚并非是完全一致的，腰部并没有变得非常紧，而裙子的大线条或多或少保持了垂直的形态。宽肩和苗条的臀部似乎是每个女人的理想，葛丽泰·嘉宝（Greta Garbo）的身材就是一个典范。在 1930 年代，电影明星们几乎是时尚的仲裁者，她们的服饰是由像吉尔伯特·阿德里安（Gilbert Adrian）这样的设计师们设计的。

如果心理学家的转移性感带（Shifting Erogenous Zone）理论可以被接受的话，那么一旦一个兴趣点散失，另一个兴趣点就会产生。在 1930 年代早期，服装的重点从腿部转移到了背部。后背从腰部以上开始

图 278　朗万（Lanvin）设计的"女丑角"（Pierrette）发型，1928 年。

图 279 晚礼服，1929 年 5 月。在 1920 年代末期，女装设计师们花了不少力气，通过各种手段来让长裙重新回归，如透明的裙摆、侧面的裙片以及长长的裙尾。

裸露,的确,这个时期许多的裙子看起来像是要设计成从背面观看的那样。甚至连常礼服的后背也会开一个裂缝,而且为了展示臀部的轮廓,裙子在臀部设计为紧身款式,这可能是历史上的第一次。

这种后背挖空的式样很有可能和浴衣的演化有关。1920 年代的浴衣是出奇朴素的,那个时期的时尚照片展示了人体模型上套着宽松且很有限的袒胸露肩的罩裙。在 1930 年代早期,所有这一切被改变了。然而真正改变这一切的却不是沐浴,而是日光浴,它在当时刮起了一阵巨大的风潮。正如一些狂热爱好者所声称的,如果说把皮肤暴露在阳光下对每个人来说都有益于健康,那么皮肤暴露得越多则越好。因此,浴衣中的罩裙,面料减少到几乎没有,袖孔增大了,而且袒胸露肩的程度急剧

图 280、图 281　朗万设计的常礼服和晚礼服,1931 年。

地加大。最终，第一件露背浴衣产生了，虽然，事实上它并不比同时期的晚礼服的露背程度来得更大。

不仅仅是沐浴，其他的运动项目也开始对日常服装起到显著的影响，不过我们也应该注意到反向的潮流，即运动服装自身也发展出一种新的类型，这种类型特别显著地体现在网球裙上。许多网球运动员只是简单地穿着当时的夏装，尽管长长的裙子阻碍了她们的活动。到了 1920 年代，当日常裙装变为短裙时，网球裙也随之变短了，而当裙子在该年代末期重新变长时，可以说，网球裙依然继续维持原样，因为很显然，对

图 282　沃斯设计的晚礼服，
1930 年。情色兴趣的新焦点：
裙子从背部的观感出发而设计。

于在这时已经成为一项相当激烈的运动来说，重新变回长裙是非常荒谬的。1931 年 4 月，阿尔瓦雷斯女士（Alvarez）在比赛时穿着的是一款长度稍过膝盖的裙裤；两年后，旧金山的爱丽丝·马布尔（Alice Marble）穿着一款长度不到膝盖的短裤出场。而费恩利-惠汀斯托尔夫人（Mrs Fearnley-Whittingstall）出现在温布尔登公开赛时，更进一步地脱去了长袜。这引起了一阵骚动，但是很明显地，由于新的款式实在是太明智了，因此很快地为几乎所有的女运动员们所采纳。

一个类似的演变出现在滑冰服装，1930 年代初期形成了一种制服，含有一件宽边的裙子，最初长度在膝盖位置，但到后来变短了许多。虽然骑车运动在很长一段时期内都不受上流社会的青睐，但它依然很受大众的欢迎，而大部分年轻女性选择穿着的短裤，有时因为过短以至于英国的骑车俱乐部到国外时受到了极大的抵制。

女性服装在 1930 年代早期的主要特点可以进行简要的总结了。裙子纤长而笔直，有时候肩部的造型会宽于臀部。高个子姑娘们受到了欢迎，因而所有的女装设计师都挖空心思来制造身高增加的感觉（图 283）。这种效果可以通过让头看起来更小来加强，因此头发被打理得紧贴头皮，并在颈后留有小鬈发。头顶会戴一顶小灰帽，歪着固定并遮住一只眼睛（图 285）。常礼服（day dresses）通常长至离地十英寸，而晚礼服（evening dresses）则会长及脚趾。晚礼服和小礼服（afternoon dresses）通常都会配有小披风。波列罗短上衣（bolero）极其受欢迎。或许跟经济动向有关，晚礼服有时候会用毛织品或棉质面料制成，甚至还会用到绒面呢（broadcloth），而这在以前仅适用于日常服装。

经济萧条显然使得不同社会阶层的着装变得更为接近，至少在主要特征上是这样的，而一个新的进程在这时候开始了，它使得几乎每个女性都能够接触到杰出的巴黎时装屋的创意。在 1930 年之前，买手们（特别是美国的买手们）习惯先选中一些在巴黎展示的服装款式，并购买许多复制款，再把复制款卖给有钱的客户。但是在美国经济衰退后，政府

图 283　爱德华·莫林诺克斯设计的晚装，1933 年。这个年代的平肩和圆滑的线条已经显现。

宣布对原始的服装款式征收高达 90 ％的税收。坯布样品（即用亚麻布剪裁的样衣）则可以免税。每一个坯布样品都提供关于制作成型的详细说明，虽然原始裙装可能要花费 10 万法郎，但现在它的一个简化版本可以只卖 50 美元这样的低价。另一个造成相同结果的原因则是合成纤维的大量使用。甚至连工厂的小女工在这个时候都能支付得起人造丝袜了。

　　由于第二次世界大战的阴云开始笼罩，时髦的廓形在这时很明显地开始发生了转变，即便是时尚设计师，也和普通人一样，对未来的主导趋势感到很困惑。

　　受 1938 年初夏国王和王后（指英国——译注）访问巴黎的激发，一股浪漫主义的新潮流产生了。C·威利特·坎宁顿（C. Willett Cunnington）表示，"以晚礼服为例，时尚界企图复兴普法战争前夕的款式，再也没有比这次的时尚复兴更值得讽刺的了。"[《英国近代女性服装》（English Women's Clothing in the Present Century）]人们甚至企图复兴硬衬布衬

图 284（上） 在赛马会上，1930 年。

图 285（下） 套装，1935 年。夸张肩部的一个极端例子。

图286（左）、图287（右）　在1920年代的扁平风格之后，胸部依旧没有重新得到强调。左，在赛马会上，1935年5月；右，夏装，1934年。

裙（crinoline）。然而，常礼服呈现出一种截然相反的趋势。它的裙子更短，且聚成一团呈农民式风格。令人奇怪的是，这是一种来自奥地利的农民式风格，像是在无意识地承认希特勒日益强大的势力。不过一直到战争前夕，大多数时尚设计师，都有意或无意地认为战争是不会发生的。他们甚至还企图再让女性去束腰。

　　1939年夏天，《风尚》（*Vogue*）杂志的记者记载了主要的时装屋发布的极其显著的造型变化，并补充道："没有什么比廓形的变化更快的了。你可以看起来和你的邻居完全不一样，就像月亮和太阳的差别一样，而你们两个都没有犯错。你只需要注意有一点必须一致，那就是腰部的纤细，如果必要的话，必须用超轻骨撑和系带束腹来保持。在巴黎没有哪一种

图 288（左）、图 289（右） "蝴蝶"袖裙装，1934 年。

廓形是不收腰的。"

　　突出腰部线条的兴起对广告商们来说是一种福利，他们号召女性要
"通过束腹来控制……有志者事竟成！"女性被允许穿着的"一种老式
的鲸骨撑系带束腹，却是用现代的魔法制成，轻巧而打动人心地像悄悄
话一般"。假如和平能够维持的话，1940 年代的女性或许再一次要把她
们的腰部置于一个刚性的笼子中了。然而，历史注定是要朝相反的方向
发展的。

　　不过在那个当下，一切似乎还没有什么改变。大多数大巴黎时装屋
都照常发布了它们的 1940 年春季系列。当时处于"假战争"时期，而
看起来在英国、法国甚至美国都没有任何人已经意识到 20 世纪的第二
次大规模冲突已经近在咫尺了。

　　男性服装依旧延续着从一战末期开始变得显著的休闲化的进程。在
停战协议后，人们很少再穿着双排扣长礼服，而它的竞争对手晨礼服也

图 290（上、下） 一个沙龙的时装秀，1935 年。

只有在婚礼、葬礼或者在一些有王室人员出席的场合才能被看到。休闲套装此时成了普通的城市穿着，而在 1922 年后，它的款式变短而且在背后不开衩了。马甲（waistcoat）的衰落使得双排扣大衣（double-breasted coat）又重新流行了起来。而单排扣大衣则依然存在，到了 1920 年代后期，双排扣马甲又风行一时。

1920 年代中期的主要变化在于长裤的宽度，即所谓的"牛津布袋裤"（Oxford bags）。人们认为这种裤子，可能源自那些大学生划船手穿在短裤之外的，用毛巾布制成的极其宽松的长裤。他们的教练习惯于穿着这样的裤子，在牵道上骑着马，而由于他德高望重的地位，学生们普遍采用了这种款式。当然，这种裤子后来就随处可见了。在这种极端的时尚下，裤子有时会因为裤腿太宽而只能露出鞋子的鞋尖，而裤子还会随着腿部摆动。由于这种款式太过奇怪，因此不太可能存在很久，到了 1920 年代末期，极端宽大的"牛津布袋裤"就已经消失了，但是相当宽松的长裤款式依然延续到了 1930 年代末期。

同时，灯笼裤（knickerbocker）又重新流行了起来。由于一些隐晦的原因，在一战期间守卫官员穿着的马裤并不同于步兵军团的指挥官所穿的骑行马裤，前者呈极端的袋状，并且很宽松地从绑腿顶部垂下来。这种裤子对普通的灯笼裤产生了一种奇怪的影响，使得后者在一战后立刻被剪裁成了相同的、甚至更为宽大的式样。这种新的袋状灯笼裤被称为"增加 4 英寸"（plus-fours），被人们认为特别适合高尔夫运动。它们完全地取代了之前的灯笼裤，旧款仅被守旧的知识分子们所穿着。新款灯笼裤在许多方面，体现了战争期间最典型的缝纫创新。

图 292（上）巴黎时装，1939 年 6 月。

图 291（下）在赛马会上，1938 年。
1930 年代间的帽子款式，在颠覆上个
年代通用的钟形女帽方面，略显疯狂。

图 293（上） 男性春夏时装，1920 年。

图 294（下） 新型休闲装实例：左，M. 赫里欧（M. Herriot）呈法式穿着风格。右，拉姆齐·麦克唐纳（Ramsay Macdonald）则呈英式穿着风格，1924 年。

第十章　从配给制度下的时尚到多元化风格

　　第二次世界大战对欧洲和美国的时尚产业产生了深远的影响，也因此冲击了服装的设计。随着德国人在 1940 年 6 月入侵巴黎，这个国际时尚之都被与世隔绝了。香奈儿在一年前就已停业，而其他时装店此时也开始纷纷关闭店门。雅克·埃姆（Jacques Heim）因其犹太人的身份而被迫躲藏，而莫利纳（Molina）和沃斯（Worth）搬去了英国。曼波彻（Mainbocher）和斯基亚帕雷利（Schiaparelli）则去了美国，尽管斯基亚帕雷利在巴黎的沙龙仍然营业着。有超过九十家的时装店依然像往常那样维持着业务，其中包括勒隆（Lelong）、帕图（Patou）、罗莎（Rochas）、朗万（Lanvin）、里奇（Ricci）、法特（Fath）和巴黎世家（Balenciaga）（巴伦夏加品牌的中文名——译注）。

　　其中的一些女装设计师，在德军占领期间照常发布了小型的系列，而巴黎高级时装的服装设计也延续了 1930 年代以来的风格。由于定量配给仅仅惠及占领者，而被占领区的人们则不愿意去节约面料和劳力，因此裙子依然很长并拥有宽大的裙摆。许多裙装为束腰设计，有一些还带有 19 世纪晚期的复兴风格裙撑。一些有着奇怪高度和极其繁复装饰的帽子则被用来做搭配。

由于在巴黎之外的世界看不到这些设计，巴黎的时尚霸主地位就这样很快地终结了，而按照惯例以法国首都为风格指导和灵感启发的欧洲其他国家以及北美，很快地便迫使自己开始完全地依赖本国的设计天赋了。不仅如此，他们的设计师还不得不面对战争所带来的物资短缺的挑战。

在英国，一个规定服装的购买数量的配给制度从 1941 年夏季开始实施。第二年，英国贸易局颁布了"实用服装计划"（the Utility Clothing Scheme），这是一个控制面料数量和服装上装饰品数量的制度。由莫利纳领导的伦敦服装设计师法人团体（被称为 Inc. Soc.），其中包括哈迪·埃米斯（Hardy Amies）、诺曼·哈特内尔（Norman Hatnell）、迪格比·莫

顿（Digby Morton）和维克多·斯蒂贝尔（Victor Stiebel）等设计师，接受了设计一系列服装原型的任务，这项工作必须符合使用最少的面料和劳力资源的要求。他们设计了四类基本原型——大衣、套装、裙子以及衬衣，并从中挑选了 32 种独立的款式来投入生产。这些款式被进行大规模生产并且缝有"CC41"（Controlled Commodity，受控商品——译注）的商品标识。它们看上去简洁但是充满设计感，拥有很好的比例和版型。服装融入了垫肩和收腰设计，而裙摆则刚好止于膝盖（图 295）。

图 295 典型的英国战时女式西服套装；量身定做的套装，带有方形平肩部造型，收腰设计，而裙子的底边刚好在膝盖上方。配套的是小帽子、具有功能性的包以及鞋子。这种风格让平民女性有了几分军人风貌。

Go through your wardrobe

Make-do and Mend

图296 一幅英国二战宣传画海报，敦促女性要厉行节约、利用废旧以充分利用短缺的服装资源。

同样被严格控制的还有纺织品。由于降落伞的制作需要用到丝绸，因此丝绸被禁止使用于针织品和服装。由美国杜邦公司（Du Pont）在1939年发明的尼龙在当时还没有被广泛地投入使用，因此制造商们选用人造丝、棉和羊毛来制造长袜。当这些面料也变得不易获得时，女性只好选择在夏季穿着及踝短袜，而在别无他法的时候，女性就只能为腿部涂上颜色并在小腿后面画上一道假饰缝线。长袜的短缺让长裤变得很流行，许多在工厂或户外工作的年轻女性都热衷于穿着长裤。

为了对严肃的实用造型进行一些中和，裙装面料往往选用鲜艳的颜色，但是为避免剪裁时的浪费，印制或者是纺织的连续图案依然是很小的。政府开展了一项名为"修补并利用"（Make-do and Mend）的活动，以提倡女性去习惯于重新制作和翻新不再穿着或过时的衣服（图296）。虽然帽子在当时并不在配给之列，但是许多女性更愿意戴头巾和发网。

在1940年，美国在与巴黎隔绝的同时，涌现出了许多本国的天才。曼波彻作为第一位成功地在法国首都开设时装店的美国设计师重新回到了纽约。查尔斯·詹姆斯（Charles James）也是一样的情况。另外，还有两位新的天才诺曼·诺瑞尔（Norman Norell）和克莱尔·麦卡德尔（Claire McCardell）也备受关注，这两人都曾与美国最知名的成衣设计师哈蒂·卡内基（Hattie Carnegie）一起工作过。在战争期间，诺瑞尔发布了许多简洁但又技艺精湛的设计款式，包括他在1942年设计的创新风格的亮片装饰紧身晚礼服（使用不属于配给的金属片）。在美国处于领先地位的运动服装领域，麦卡德尔是领袖人物，她设计的特点是简洁而实用。1942 年为应对战争需求，美国军工生产委员会（WPB）颁布了限制使用一些面料的法令（L85 法），其限制的面料主要为羊毛和丝绸——因此，麦卡德尔转而使用棉布面料，选择斜纹粗棉布（denim，也称丹宁布——译注）、泡泡纱（seersucker）、褥套布（ticking）和针织布（jersey），推出了一系列吸引人且容易穿搭的设计款式，其中有许多已经成为了经典。她最初于 1942 年推出的"套头连身"围裹裙，在她的整个设计事业里都被持续生产。

虽然美国的面料限制影响了服装的许多方面，如男士套装的剪裁、女性裙子的宽度、高跟鞋的高度、鞋履皮革的颜色等，但其影响的程度并没有像在英国那样严重。况且，限制政策并没有持续很长的时间：美国在 1946 年就结束了限制，而配给制在英国一直拖延到了 1948 年。

在战争末期，英国和美国的设计师形成了更为强烈的国际形象。在这两个国家，服装在成衣领域也有了显著的发展。大众市场的制造商们改进了他们的技术，这通常体现在制服的大规模生产上。在美国，军工生产委员会发起了一个全国范围的针对女性形体的测量调查，并以此为基础，为满足大量需要的标准尺寸制定了参考指导。

在战后的几年中，英国和美国都希望能够引领世界的时尚，但是都没有成功。在获得解放之后，巴黎的缝纫师们放弃了在被占领时期的那种不知羞耻的奢侈之风，而回到了更为简朴的造型上。然而法国服饰公司知道必须重新赢回海外的尤其是来自美国的买手们，因为现在巴黎和美国的联系已没有从前紧密，而巴黎的影响力也已经变小了。为了大力重振服装产业，1945 年法国的艺术家和设计师们合作举办了一场名为"风尚舞台"（Théatre de la Mode）的展览，把高级时装套在了用金属丝作为框架的微型人体模特上——精确地复制了当年的春夏系列，让法国的时尚得以推广。该展览巡展到了伦敦、巴塞罗那、斯德哥尔摩、哥本哈根以及美国的许多城市。

在战后的几年里，巴尔曼（Balmain）、巴伦夏加（Balenciaga）和迪奥（Dior）开始以最杰出的巴黎设计师身份登上时尚舞台。迪奥在1947年2月让法国首都稳稳地坐回于时尚版图的中央，作为一名新的独立设计师，他展示了他的第一个花冠系列（Crolle line）。这个系列立刻被冠以"新风貌"（New Look）的名号，获得了世界范围的空前关注，虽然这些作品并没有得到所有人的欣赏。

事实上，新风貌一点也不新，它其实是一个1930年代晚期和被占领时期的夸张风格的简化版本，并与英国和美国战时的服装出品呈现出完全相反的一面。柔软、圆润的肩膀线条把重点留在了胸部，腰部被严格地束紧，臀部加入了衬垫。裙子几乎长及脚踝，也因为裙摆波浪过多而遭到指责（图297）。大部分的服装都需要花费多达15码的面料。

对于许多被战争折腾得疲惫不堪的人来说，新风貌象征着一种对繁荣未来的希望。然而，另外一些人则认为它是在面料依旧短缺的情况下的一种不计后果的浪费。一些女性担心这种与当下格格不入的，体现战前版型——彻彻底底的女性化——的风格，预示着女性在社会上的地位重新降低。但是，即便存在着不同的反响，这种风格最终仍然赢得了普遍的支持，并统领着女性服装的设计风格一直到1954年。

在整个1950年代，女性都希望展现成熟、优雅和精致的形象。高档时装在所有场合均为正式款式，以特别的衣装和配饰来符合礼节要求。

女性在日间穿着女式西装服、两件套和衬衫式连衣裙，而在晚上则穿着酒会礼服和结构利落的全长礼服。完美的妆发在任何时间里都是必需的。大部分女性不是把头发做成柔软的内卷波浪，就是把头发打理为整齐的烫发，以获得一种较短的鬈发造型。假鬈和法式盘发也很受欢迎。妆容很浓重：腮红在苍白的底妆上显得很抢眼，眉毛被画成了细致的拱形；眼睛通过深色眼线、彩色眼影和睫毛膏得以强调；嘴唇则涂以深红色。

虽然这个年代早期的时装基本廓形保持不变，但这是一个富有时尚

图 297 新风貌的优雅原型：帕特丽夏·"斑比"·塔克韦尔（Patricia "Bambi" Tuckwell）穿着由迪奥设计的束腰宽摆酒会礼服，1949 年。

活力的时期，顶级设计师们每年要发布两个新的系列。随着年代的推进，衣装结构变得不那么明显，且剪裁更加直线化——从迪奥的中期系列中可以敏锐看到这个发展，包括他的 H 形、A 形和 Y 形。在 1954 年，香奈儿重开了她的时装店并且重新推出了她的休闲且耐穿的套装和底边刚过膝盖的裙装（图 299）。巴伦夏加也对新风貌的廓形发起了挑战，设计了穿着于直身长裙之外的束腰上装（tunic tops），以及剪裁柔和的、带有四分之三长度袖子的宽立领套装。1957 年，他推出了"无腰宽松服"（chemise）或者说布袋装，这种服装的廓形被包括纪梵希（Givenchy）和雅克·格里夫（Jacques Griffe）在内的其他设计师广为借鉴，成为了引领 1960 年代的主导款型（图 298）。

在美国，包括诺瑞尔、詹姆斯·加拉诺斯（James Galanos）、波琳·特里盖勒（Pauline Trigère）、瓦伦蒂娜（Valentina）和安妮·克莱因（Anne Klein）在内的大部分服饰设计师，都开始拓展了成衣业务。克莱尔·麦卡德尔一如既往地推出她的时髦的斜纹粗棉布和泡泡纱棉布裹裙以及束腰宽摆裙（dirndl skirts），还采用运动七分裤（pedal-pusher）来搭配长度极短的上装，让上腹部显露在外面。

在优雅的日光浴装及泳装方面，美国也处于领先地位，尤其是一件式泳装。两件式泳装并没有被广泛穿着，而比基尼虽然早在 1946 年就在法国出现，且后一个年代在法国很流行，但它在 1960 年代中期之前的美国依然不太常见。美国女性通常以好莱坞的电影明星为造型灵感，例如多莉丝·戴（Doris Day）的"邻家女孩"造型和伊丽莎白·泰勒（Elizabeth Taylor）的更为凸显性感的形象。

1950 年代也见证了意大利设计师的兴起。让埃米利奥·璞琪（Emilio Pucci）得以闻名的是他在涡卷式抽象图案中采用的大胆的印花，以及他设计的优雅的锥形女衫裤套装（tapered trouser suits）和宽松直筒连衣裙（shift dresses）中用到的代表酸性的色彩。而罗贝托·卡普奇（Roberto Capucci）以其戏剧化的雕塑般的裙装以及舞会礼服的设计，让自己成为了一位廓形大师。意大利还以新潮鞋履和其他高档皮革制品引领世界时尚。

在战后的男装领域，英国的发展是最戏剧化的。在 1953 年，年轻的工人阶级男性开始选择"爱德华"风格的着装，这种式样是由萨维尔街（Savile Row）的裁缝们在 1940 年代创造的。这些"不良少年／泰迪男孩"（teddy boys）选择了这种来自上流社会，还带有些花花公子意味的造型，其主要的元素为长披外套和窄版瘦腿紧身长裤，以及使整个造型更夸张的绉胶底的鞋子和细窄领结。在这个发展中，重要的并不是劳动阶级采用了上流社会的风格，而是在于这样的事实：出身贫寒的年轻人现在已经能够支付相对昂贵的衣服和饰品，并有自信使自己成为他们那与众不同风格中的一部分。

在 1950 年代，为了特别迎合那些有大笔可支配收入的年轻人，一个独立市场诞生了。虽然许多青少年的着装风格与他们的父母辈相同，但通常年轻人的着装要求会明显地休闲许多。受到好莱坞电影明星詹姆斯·迪恩（James Dean）和马龙·白兰度（Marlon Brando）的影响，牛仔裤、摩托夹克流行了起来，而 T 恤也开始转变成为一种时髦的服装。当时还一度流行留鬓角并涂抹发油。

处于青春期的女孩们则会在尖尖的胸罩外面穿着紧身毛衣和羊毛开衫，下身穿着圆形喇叭裙（circular skirts），并在里面穿着多层的尼龙衬裙来使其达到硬挺的效果。作为大量使用黑色的奇装异服造型的一部分，紧身长裤或者搭配特大号宽松短上衣的牛仔裤也受到了男性和女性的欢迎。全世界的年轻人都随着美国的新摇滚音乐翩翩起舞，也就是从这个时候开始，时尚和音乐产业之间产生了密不可分的联系。

从 1950 年代中期开始，意大利的服装——尤其是量身定做剪裁的男装——开始代表终极的现代化。很快地，意大利的服装出口到了英国和美国，而这两个国家的裁缝开始自豪地宣称自己版本的短款单排扣套装和锥形裤是属于"意大利式"的。搭配这身装束的还有窄版——通常为横条纹的——领带和高品质的意大利皮革尖头鞋。

图298（左）、图299（右） 到1950年代后期，设计师们对战争以后的收腰、宽摆的风格进行了反抗，并开始展现不那么体现结构的服装。左图这款由雅克·格里夫于1958年设计展示的"袋状"连衣裙，即将成为引领下个年代潮流的时尚造型。香奈儿1954年再次发布的舒适合身套装，旨在更舒适和耐穿。这种风格即将成为一种经典。上方图例所示为1960年的款式。

1960 年代可以被划分为两段明显的时期。第一段为 1960 年到 1967 年（摇摆的 1960 年代），在这段时间里时尚几乎只把关注点放在年轻人身上。虽然巴黎依旧引领着服饰潮流，并且其成衣的水平十分突出，但却是伦敦率先开展了有关时髦年轻人风格的设计和零售业。精品店（boutique）在当时成为了最主要的时尚零售销售点，为顾客提供了集数量有限的最新服装、年轻且装扮时髦的销售员、震耳欲聋的流行音乐和充满噱头的店内装潢为一体的迷人店铺环境。

关于这一时期的主要时尚故事是**迷你裙**（miniskirt，图 300）。裙子的底边在 1961 年时刚好在膝盖上方的位置，而到了 1966 年已经到达了大腿的上方。长袜和吊袜带被色彩鲜艳的连裤袜所替代，而内衣则减少到非常简洁，由宽松的胸罩和内裤构成。

与这种风格最为适应的是以被称为崔姬（Twiggy）的女学生莱斯利·霍恩比（Lesley Hornby）为范例的，苗条的青春期前的身材。虽然有许多性革命的宣传，但当时的年轻女性通常看起来像孩子一样，穿着带有泡泡袖的娃娃装（baby-doll dresses）、女学生围裙（schoolgirl pinafore）和无袖束腰裙（gymslip）、灯笼裤（knickerbockers）以及无处不在的迷你裙。

与推出"迷你"裙关系最为紧密的是设计师**玛丽·匡特**（Mary Quant，图 301），她于 1955 年在伦敦国王路开设了她的专卖店"集市"（Bazaar）。她并没有受到季节秀的限制，其早年推出的系列就多达 28 个，创造了简约、实用，经常混合搭配的设计，其经典元素与 1960 年代的氛围相得益彰。另外一些新一代的设计师，也同样凭借独树一帜的时装风格而成名并影响了年轻人的市场，这其中包括奥希·克拉克（Ossie Clark）、比尔·吉布（Bill Gibb）、玛丽安·福尔（Marian Foale）、萨莉·塔芬（Sally Tuffin）以及简·缪尔（Jean Muir）。

这是一个服装和面料设计师都喜迎现代化和科技进步的时代。太空时代的银色和白色被拿来与原色进行混合调色。流行音乐和欧普艺术对

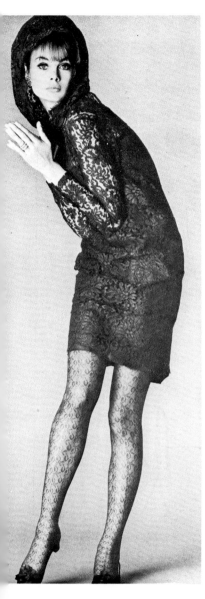

图300（左） 1960年代的顶级模特简·施林普顿（Jean Shrimpton）穿着一件蕾丝迷你裙并搭配蕾丝连裤袜，1965年。

图301（右）玛丽·匡特的简洁的低腰格子迷你裙，1960年代中期。

面料设计产生了意义深远的影响。人们引入了新的时尚面料，包括亮面材料（shiny）、亮面聚氯乙烯（wet-look PVC）、免烫丙烯酸（类）纤维（easy-care acrylics）、聚酯纤维（polyester）。

女性或者把她们的头发留长弄直，或者剪短［最理想是由维达·沙宣（Vidal Sasson）打理］到一种雕刻般的波波头或楔形短发。底妆和口红很苍白，眼睛通过眼线和深色眼影来获得增大的效果。

1960年代的男性服装也因为一些别出心裁的年轻设计师而获得了关注，它们变得更为休闲，更为艳丽，而且更色彩缤纷。"嬉皮士"（Hipster）长裤，高领衬衫和"基珀"（kipper）"彩色宽幅领带在当时非常时髦。牛仔裤依然很受欢迎，而斜纹粗棉布也被用作衬衣、夹克和帽子的面料。青少年和学生们经常会光顾陆军和海军的剩余制服折扣店。由比尔·格

图302（左）、图303（右）　左，鲁迪·吉恩里希（Rudi Gernreich）设计的透视装裙（see-through dress），1964年。右，安德烈·库雷热设计的未来主义风格的黑白华达呢（gabardine）服装，还搭配有该设计师的引领潮流的白色靴子，1965年。

林（Bill Green）在 1954 年创立的文斯（Vince），是在西苏豪区（West Soho）开设的首批男装专卖店之一。这个商店的大陆风格服装特别针对男同性恋者，并且还为顾客提供其邮购目录来购买服装。三年之后，具有影响力的男装设计师约翰·史蒂芬（John Stephen）在卡尔纳比街（Carnaby Street）创立了他旗下的第一家顶尖男装专卖店。他的店最初经常为爱好现代的"意大利式样"的摩斯族（Mods）——当时主要的亚文化群体——所光顾。到了 1962 年，西苏豪以其小型男装商店而闻名，这其中包括约翰·保罗（John Paul）的"我曾是基钦纳勋爵的贴身男仆"（I Was Lord Kitchener's Valet）精品店（图 308），这家店销售以前的制服以及装饰有英国国旗图案的服装。

　　虽然美国男性在着装上通常更为保守，他们最常见的装束为常青藤

图 304—图 306（从左至右）　伊夫·圣罗兰的服装设计：从左至右，灯笼裤套装，1967 年；女用裙裤，1968 年；基于男装式样的女衫裤套装，1969 年。

图 307　艺术常常影响着时尚，虽然很少有像伊夫·圣罗兰的这件设计于 1965 年的酒会礼服一样体现得如此直接，其灵感来自蒙德里安的一幅画作。

风格的锥形长裤和三粒扣夹克的搭配，但是很显然的，他们在 1960 年代中期对新的潮流做出了一些让步。

　　1960 年代的最为极端的时尚，是由巴黎设计师安德烈·库雷热（André Courrèges）、帕科·拉巴纳（Paco Rabanne）、皮尔·卡丹（Pierre Cardin）、伊曼纽尔·温加罗（Emanuel Ungaro）和伊夫·圣罗兰（Yves Saint Laurent）带来的。库雷热的 1964 年春夏系列"太空时代"展示了"宇航员"帽和护目镜、银白色 PVC 材质的"月亮女孩"懒汉裤、紧身连衣裤以及白色漆皮或山羊皮的**中筒靴**（图 303）。库雷热、温加罗和卡丹的服装都是属于精确剪裁和朴素不加修饰的。帕科·拉巴纳以打破常规地使用面料而闻名。他在 1966 年发布的第一个系列"身体珠宝"，使用塑料或金属光盘和贴片，并用金属丝或链条拼合成了宽松直筒连衣裙。曾担任迪奥设计师的伊夫·圣罗兰，于 1962 年开设了以自己名字命名的品牌，作为颠覆 1960 年代风格的先锋，他反映了来自左岸和当代艺术运动的影响。他在 1965 年设计了以大胆色块构成的**"蒙德里安"裙**（图 307），其仿款在短短几天之内就出现在了高街店铺中。

　　时尚在这个时候也变得愈加中性，反映了长期存在的以性别决定着装的传统已逐渐被打破。这是历史上第一次，男性和女性可以在同一家专卖店里购买牛仔裤、长裤、夹克、毛衣和衬衫。1966 年在巴黎，伊夫·圣罗兰为女性设计了他的著名的"吸烟"夹克，随后他又相继推出**灯笼裤套装**（1967 年，图 304）、**女用裙裤**（1968 年，图 305）和**女衫裤套装**（1969 年，图 306）。

到了 1960 年代中期，成衣变成了主流。设计师们认识到了许多年轻女性并不愿意花费时间去等待漫长的服装试穿，或者花费高价去购买只想穿很短一段时间的衣服。但是传统服装店的顾客依然去光顾迪奥[马克·博昂（Marc Bohan）已取代伊夫·圣罗兰成为其设计师]、巴黎世家、朗万和香奈儿。当女装设计大师巴伦夏加意识到他的高级时装市场已经不复存在后，便在 1968 年退休了。

从 1968 年 开 始，1960 年代的乐观的社会和经济气象开始随失业率的升高和通货膨胀的加重而逐渐消失，这种情况在英国尤为显著。人们开始对科技给人类和环境造成的负面影响产生质疑，而

图 308 男装店"我曾是基钦纳勋爵的贴身男仆"于 1960 年代早期在卡尔纳比街开张。这张在店铺门前的照片，拍摄于这个年代末期，展示了已到达短至女性大腿上方位置的迷你裙样式。库雷热造成的影响依然可以通过女性的靴子上看出来。男性的裤子则体现了从 1960 年代晚期到 1970 年代早期的宽版剪裁。

女性则开始反抗强加于她们的关于女性美的理想范本。

在"摇摆的1960年代"之后的几年里，即从1960年代晚期到1970年代中期，时尚被批评为失去了方向。但事实上，这个时期为当代的多元化风格铺平了道路。个性和自我表现是至高无上的。服装常常依照顾客的具体要求而被加上刺绣贴花和拼布设计。扎染T恤变得很受欢迎。服装的颜色较为柔和，而面料主要由天然纤维制成。在英国的高端市场，比尔·吉布以炫丽的贴花和刺绣设计闻名，而**桑德拉·罗德斯**（Zandra Rhodes，图309）则凭借其精致空灵的手工甄选的丝质和薄绸服装而出名。在意大利，米索尼（Missoni）的设计展现了精细的图案和色彩的混合，从而大大提升了其在时尚针织服装界的地位。

民族风貌占据了主导。嬉皮士们最先选择了阿富汗外套、带流苏的

图309 这件由桑德拉·罗德斯设计的手绘裙装，表征了流行于前十年的带有几何特点的未来主义风格造型的淡出，而1970年代正朝着一个更加松散和流畅的风格迈进。民族元素也开始进入了高级时装。

图 310（左）、图 311（右）　同为表现怀旧的 1930 年代复古风格的造型，左是由芭芭拉·胡兰妮奇在 1970 年代早期为碧芭设计的服装，右为简·缪尔在 1973 年设计的线条流畅的长裙装。

山羊皮服装、土耳其式长衫、头带和珠子，以此作为他们抵制西方消费型社会的（表达方式的）一部分。随着欧洲和美国社会的文化变得越来越多元，加勒比黑人、亚洲人和非裔美国人社区的服装和发型，为不同档次的西方服饰注入了新的活力。

　　在 1960 年代后期，裙底边下落到了小腿中间位置，这个变化引起了许多女性的反对，她们依然穿着迷你裙。然而，于 1969 年出现的超长裙（maxi）还是被人们广泛地接纳。从 1971 年开始，带有围裙（bib）和皮带（strap）的短裤，也就是广为人知的"热裤"（hotpants），为女性提供了迷你裙之外的又一个选择。到了下一年，裙子和连衣裙都变得更长了，线条更为流畅且样式更为浪漫，而 1960 年代早期的"未来主义"风潮已经被怀旧风格所取代了。

　　1930 年代的风格得到极大的复兴，许多设计师将服装进行斜裁，并使用流畅的面料，尤其是绸缎。芭芭拉·胡兰妮奇（Barbara Hulanicki）

于 1973 年在伦敦的肯辛顿开设的新装饰艺术商场碧芭（Biba），以风格混成的方式再现并赞颂了 1930 年代好莱坞式的优雅（图 310）。制作地道的特定时期风格的服装也变成人们的渴望，而专卖店为迎合这种需求而开设了起来。从 1970 年代早期至中期，男鞋和女鞋都明显地受到了 1940 年代风格的影响，鞋底被设计成危险的高水台式样。

在 1971 年的美国，以"马球"（Polo）男装产品线而出名的拉夫·劳伦（Ralph Lauren）推出了女式衣裤套装，卡尔文·克莱恩（Calvin Klein）也为女性设计了带有男性化线条的时髦女装。

长裤在 1970 年代早期被剪裁得十分宽大，变成喇叭裤（flares）或布袋裤（bags）。喇叭裤后来成为了这一时期主要的时尚标志，其在大腿部分为紧身，而从膝盖以下变为宽松。布袋裤很宽松，令人回想起 1920 年代和 1930 年代的样式。

在 1970 年代早期，第一波日本设计师进驻了巴黎。高田贤三（Kenzo

图 312　伦敦国王路的朋克一族，1980 年。虽然朋克看上去是一种具有恐吓和挑衅色彩的青年型风格，然而它对所有层次的服装，包括高级时装，都产生了广泛而长远的影响。贯穿于 1980 年代直至 1990 年代，朋克元素持续地呈现在 T 台上。

图 313　作为许多朋克造型的创造者，薇薇恩·韦斯特伍德于 1981 年开始展示她的设计系列。有特色的外穿的内衣出现在她有影响力的布法罗 1982/1983 秋冬系列之中。

Takada）和三宅一生（Issey Miyake）呈现了一种将重点放在层次感和包裹造型上，并将身体置于宽松无结构的衣装里的着装方式，向西方的传统缝纫发起了挑战。高田贤三推出了农民风格装、宽腿拉绳（wide-legged drawstring）长裤、带衬里的夹克和粗呢大衣。三宅一生的充满灵感的、不妥协的服装，是通过将面料贴附于人体来设计剪裁的，创造出一种柔和的雕塑般样式的服装。

　　无政府主义的朋克风格（图 312），出现在 1970 年代中期的伦敦街头，并以此为源头蔓延到了整个欧洲和北美地区，对街头服装和高级时装都产生了巨大的影响。这种风格有意识地去寻求震惊，男性和女性的着装组合都是黑色紧身长裤和条纹马海毛毛衣，以及定制的皮夹克和重型马丁大夫（Doctor Marten）靴。一些朋克女性会选择穿着迷你裙、网

图314（左）、图315（右） 左，三宅一生从1982年开始推出的分层造型，包括外套、衬衣和束腰宽摆裙。 右，毛衣和裙子来自诺玛·卡玛丽基于舞蹈和运动装的创新而有影响力的1981年春/夏"卫衣"（Sweats）系列，它们以舞蹈和运动服装为基础。

眼丝袜和细高跟鞋。恋物癖风格的皮革和橡胶为朋克造型必不可少的一部分，同样还有在两个膝盖间连接有束带的长裤，以及束缚领口。衣服被撕破扯裂，用安全别针、拉链和饰钉来进行装饰。T恤衫上印有激进的无政府主义的标语。当时最著名的销售朋克服饰的零售商店，是位于伦敦国王路的"煽动者"（Seditionaries），由维维恩·韦斯特伍德（Vivienne Westwood）和马尔科姆·麦克拉伦（Malcolm McLaren）创立，他们是朋克运动视觉风格方面的关键人物。

　　与朋克风格的不自然的苍白和不健康的造型形成鲜明对比的是，在1970年代后期，掀起了一股强劲的针对健康和个人健身的风潮。在整个欧洲和北美，舞蹈教室和健身房大量地涌现了出来，因此专业服装开始成为这种潮流的一个重要部分。1970年代后期，美国设计师**诺玛·卡玛丽**（Norma Kamali，图315）推出了运动衫啦啦队员裙（sweat-shirting ra-ra skirt）、绑兜式上衣（bandeau tops）、连身裤（jumpsuit）、紧身连衣裤（leotards）和裤袜（leggings），让运动装进入了时尚领域。杜邦公司在 1959 年发明的弹性莱卡纱线（Stretchy Lycra yarns）在 1970 年代被广泛使用，大大改进了运动和时尚服装的外观和舒适度。运动装潮流的另一个重要的发起人是雷鬼音乐家鲍勃·马利（Bob Marley），他从 1970 年代晚期开始在舞台上穿着足球运动衣和运动套装。到 1980 年代初，运动套装和训练鞋成为了城市黑人青年的时髦制服，随后被所有年龄层的男女作为一种舒适的休闲服装来选择。

在高端服装贸易领域，1980 年代初期的经济增长使得奢侈的高级时装和成衣时装的需求量急速增长。增长的生意中大部分来自富裕的美国人，以及因盛产石油而新出现的中东市场。在这个时期，时尚的方向依

图 316　阿瑟丁·阿拉亚从 1981 年起开始展示他的系列。他起初专注于女性形体的身形，制作出了紧身合体的服装，体现了外露的性感。这件来自他的 1986 年春／夏系列的裙子，通过侧边饰带的设计运用，表现得更为露骨。

然是明确的，不断扩张的国际时尚媒介会发布季节趋势。风格基本上或为短款贴身的款式，或为宽大的大量堆砌和分层的款式。

至于晚礼服，许多更为传统的巴黎时尚品牌，如巴尔曼、迪奥和纪梵希，复兴了人们所熟知的结构化的装饰性强的服装。**蒂埃里·穆勒**（Thierry Mugler，图 317）和**阿瑟丁·阿拉亚**（Azzedine Alaïa，图 316）则推出了更为年轻化的、暴露的和明显性感的形象，制造出了贴身的、凸显身形的服饰，有时候还会利用恋物癖风格的束衣和饰带的元素。

在时尚堡垒香奈儿，自 1983 年**卡尔·拉格菲尔德**（Karl Lagerfeld，图 318）担任其设计师后，该品牌的巨大变化随之发生。拉格菲尔德意在促进新兴年轻市场的销售额，同时留住香奈儿传统顾客的忠实度。从一开始，他就开发香奈儿的标志设计，有时候向她的经典风格致敬，而其他时候则毫不留情地进行模仿。在一年之内，香奈儿时装屋又一次地变成了时尚的前沿。

在白天，装有垫肩的套装、长裤以及衬衫，成为了职业女性的"权利装扮"衣橱的主要服装，在这一领域意大利品牌占据了优势。到 1970

图 317、图 318（对页左、右） 对页左，蒂埃里·穆勒的魅惑女西装，向优雅的女性化致敬，1989/1990 年秋 / 冬。对页右，卡尔·拉格菲尔德延续了香奈儿花呢和皮带绕链的传统，但将它们与白色棉质的 Y 形三角底裤组合在一起，1993 年春 / 夏。

图 319 上图，在莫斯基诺的 1988/1989 年秋 / 冬季广告宣传照中，维奥莱塔·桑切斯（Violetta Sanchez）展示了设计师著名的泰迪熊裙装。

图 320（左）、图 321（右） 左，拉夫·劳伦的 1982 年的整套搭配，生丝夹克和亚麻裙裤造型，回归到了 20 世纪初期。右，卡尔文·克莱恩在这款宽肩无尾礼服（tuxedo coat）上，把男性化的剪裁运用到女装上，1983/1984 年秋 / 冬。

年代中期米兰成为意大利的时尚之都，而意大利的设计师们持续地以他们在面料上的特殊运用而得到世人的肯定。1982 年，詹尼·范思哲（Gianni Versace）采用了时髦现代的柔软金属质感网状织物，而同年乔治·阿玛尼（Giorgio Armani）更以褶皱套装和亚麻布这样的裙装面料，创造了国际风潮。弗兰科·莫斯基诺（Franco Moschino）凭借他的裙装上布满了胸罩或泰迪熊的颠覆性的系列时装（图 319），在意大利时装界获得了"坏男孩"的称号。

在美国，男装和女装都出现了转向传统造型的变化。**拉夫·劳伦**（图 320）、派瑞·艾力斯（Perry Ellis）和之后的**卡尔文·克莱恩**（图 321），创造了往往能体现 1920 年代英国贵族和美国先锋的时尚，这是一个他们沿用至今的极度成功的模式。唐娜·卡兰（Donna Karan）的服装让商务女性能在一整天里穿着舒适，时髦且多样化。

在 1980 年代中，许多设计师开始拓展业务并开设了男装。这其中包括穆勒（1980 年）、"像男孩一样"（Comme des Garçons）（1983 年）、让-保罗·高提耶（Jean-Paul Gaultier）（1984 年）以及卡尔·拉格菲尔德（1989 年）。在这种潮流下，出现了专业男装秀和设计师团体，例如伦敦的第五社团（Fifth Circle Group），成员包括乔·凯斯利-海福德（Joe Casely-Hayford）和约翰·里奇蒙德（John Richmond）。

与男装的季节变化以及如高提耶的男版莎笼（sarongs）之类头版服饰并驾齐驱的，是"纯正的"美国工作服、大学生的校园 Preggy 风格装和所有档次的运动装的持续流行。

来自日本的设计师们继续在巴黎推出他们创新的服装，展示了令人眼前一亮且全然不同于西方的另类设计。第二波日本设计师包括山本耀司（Yohji Yamamoto）和创立"像男孩一样"的**川久保玲**（Rei Kawakubo，图 322），于 1970 年代后期和 1980 年代早期开始在巴黎展示其服装系列。他们的特大号的男、女装常常为不规则剪裁，带有位置古怪的袖子和口袋。主要的服装颜色为黑色、墨水蓝、柔和的奶油色、米色与一抹亮红。一些服装受到了日本传统礼仪服装和工作装的启发，另一些则致力于现代主义风格。设计的服饰类别囊括了从

图 322　这件川久保玲的"像男孩一样"的特大号设计，体现了无结构的日本造型的持续，1983/1984 年秋 / 冬。川久保玲喜欢黑色和深蓝色，并大多使用自然面料。

靛蓝色亚麻 T 形服装到三宅一生设计的明亮原色硅树脂紧身胸衣。当然，日本设计师所设计的服装的基本特征依然是他们隐藏了身体自然轮廓的宽松版型。

巴黎继续保持着其国际时尚地位，除了日本设计师之外，许多欧洲女装设计师也在那里展示了她们的系列。这其中包括了英国的维维恩·韦斯特伍德和侯赛因·卡拉扬（Hussein Chalayan）、比利时设计师德赖斯·范·诺顿（Dries van Noten）和拉夫·西蒙（Raf Simons），以及实验性的荷兰二人组维克托和罗尔夫（Victor & Rolf）。法国一直支持并积极推动国内的服装产业和签署大牌许可协议的机会，这也正是巴黎的时装品牌依旧是最为成熟的原因。

高级时装品牌通常由国际企业集团掌舵，虽然在高级时装系列上蒙

图 323—图 327（从左至右） 顺时针方向从对页左起，乔治·阿玛尼的宽肩女西装，1989 年春 / 夏；米索尼的标志性的明暗度针织装，1987/1988 年秋 / 冬；山本耀司的极简主义风格装，1989 年春 / 夏；保罗·史密斯（Paul Smith）的泰迪男孩风格的粗格纹套装，1994 年春 / 夏；克里斯蒂安·拉克鲁瓦（Christian Lacroix）为其"集市"（bazar）系列而绘的手稿，1994/1995 年秋 / 冬。

图 328（左） 克里斯蒂安·拉克鲁瓦的这条短款蓬蓬裙反映出他对历史上的裙装的热情，这是一款小型的带衬裙衬布裙撑，发表于他的第一个独立系列，1987 年夏季。

图 329、图 330（对页左、右）"部落风格"的模特和服装，其中包括一条围裙，让-保罗·高提耶的巴黎时装秀，1994 年春/夏。对页右，安娜·苏探索了种族划分、未来主义的网络造型以及 1970 年代的风格，1994 年春/夏系列。

受了大量的经济损失，但是极有力度的推广和极赋魅力的商业活动帮助它们提高了品牌声誉，使其在众多特许商品上获利颇丰。时装品牌下的副线、消费品，以及最值得注目的香水销售，让顶级设计师们能够持续赚取高薪。

从 1986 年开始，时尚产业遭遇了另一个低谷期，但是少数富裕且眼光敏锐的顾客依然一如既往地对做工精细的美丽服饰保有需求。**克里斯蒂安·拉克鲁瓦**（图 328）于 1986 年创立了他在巴黎的时装品牌，发现并迎合了这个市场部分。他从一开始就支持拥护以传统手工艺的复兴为中心的高级时装艺术。他的华丽的日装和晚装往往反映了他把历史服装转变成为当代风格的热情。珠绣和刺绣作坊、纽扣制造者、珠缀和工艺纺织业，都通过他的广泛宣传的时装发布会而在商业上大大获益。

国际服饰和成衣的销售额在 1990 年代初期开始增长。在同一时候，年轻的新一代前卫设计师也开始崭露头角，包括比利时设计师马丁·马吉拉（Martin Margiela）和安·迪穆拉米斯特（Ann Demeulemeester）、奥地利设计师海尔姆特·朗（Helmut Lang）、瑞典设计师马赛尔·马龙朱吉（Marcel Marongui）和非洲的叙利-贝特（Xuly-Bet）以及法国设计师马丁·斯特本（Martine Sitbon）。

他们吸收借鉴了1970年代的式样和1980年代初期日本设计师的服装系列，引领了一场新的运动，即众所周知的解构主义（deconstructivism）。解构主义的服装大多为黑色，并且被设计成不是超大码的就是十分窄身的款式，或衬里外露，或带有不对称的下摆和（修饰得很精美的）外露的缝线和裁边。由于其总体造型非常忧郁，故不可避免地与经济衰退相一致，这也暗示着新设计师正在为新世纪做准备。

在1990年代期间，一些巨大的变化发生了。新出现的风格种类比之前任何时候都更为多样。杂志不再刊登即将到来的季节趋势，取而代

之的是展示已经出现的各种各样的主题、造型以及面料。该年代的前五年重现了 1960 年代和 1970 年代的复兴风格（嬉皮士风格的迷你裙和喇叭裤到朋克风格和水台）、未来主义的赛博朋克（cyberpunk）风格（图330）、环保时尚、民族风格（图 329）、垃圾摇滚、学校制服和运动装以及一系列更新的亚文化风格，例如天桥泰迪男孩、冲浪运动员、雷鬼乐和街舞男孩等。

占据主导的复古风潮催生了二手服装店的发展，为不那么有钱的人提供美国工作装以及具有时尚意识却又廉价、耐用的当下风格的服装。

随着时代的推进，时尚产业变得越来越困惑，出于对早些年代的一些经典造型的依赖，人们将其东拼西凑或只是做些许的更新。当时的设

图 331（左）、图 332（右）　在 1990 年代后期，米兰时装屋古驰的设计，例如羽毛边牛仔裤和印花真丝裙，对大众时装市场产生了极大的影响力，1999 年春 / 夏系列。

计师常常被理解为造型师，能够为越来越多样化的市场重新诠释经典的构想，所以设计师不再只是以创意为向导，市场的营销和广告预算一样重要。

最为成功和有影响力的时尚发展为古驰（Gucci）的崛起。古驰1906 年创立于米兰的一个马具店。该品牌向世人展示了传统奢侈品屋，可以通过聘用新设计师和强有力的广告宣传，来进行彻底的改造。当创始人的孙辈于 1988 年将股权出售股息给一家投资公司后，公司的资产开始出现回升，并因此开始依次聘用了一连串的设计师，最后美国设计师汤姆·福特（Tom Ford）于 1994 年接任并坐稳了这个位置。在他的指挥下，古驰在 1990 年代中期变成了世界上最令人憧憬的奢侈品品牌。福特意识到，把高度曝光的广告与生动的服装秀展示结合能够推动公司更多的有利可图的产品的销售额，例如著名的带马衔扣的乐福鞋（snaffle loafer），以及带有品牌标识的皮带和包。但是真正给国际时尚造成广泛影响的却是古驰的服饰款式，虽然它们只是作为其配件的附属产品：来自那一时期的代表作，例如 1998 年春 / 夏的无领骑士夹克，以及 1999 年春 / 夏的羽毛装饰牛仔裤和超大版的印花裙装（图 331、332），引起了大众市场雪崩般的效仿。古驰的复兴标志着越来越多的奢侈品集团公司开始投资时尚业。

1990 年代晚期也见证了重要的新设计的登场。英国设计师**亚历山大·麦昆**（Alexander McQueen，图 334），因推出"田园时尚"（Agro Chic）造型而被人们熟知，包括超低腰长裤和带有侵略性的线形剪裁以及在腰部和肩部的夸张处理。麦昆为纪梵希所聘用，直至 2001 年。其同胞**约翰·加里阿诺**（John Galliano，图 333）受聘于迪奥，他仿效历史上的服装，或者更具体地，把历史人物作为缪斯和灵感，在此基础上进行强烈而复杂的、具有装饰性的耀眼夺目的设计创造。美国人马克·雅各布斯（Marc Jacobs）和迈克·柯尔（Michael Kors）分别加入了皮具品牌路易威登（Louis Vuitton）和赛琳（Céline），而比利时设计师马丁·马吉拉则受聘于爱马仕（Hermès）。

　　如果说经典设计品牌的重新改造已经成为了设计师产业在千禧年之交的主旋律，那么在 1990 年代，时尚界的主要创意运动则同时受到了街头和 T 台的影响，这也是因为这两个区域的界限变得越来越模糊了。一些设计师对 1990 年代中期的时尚产生了影响，如奥地利的**海尔姆特·朗**（Helmut Lang，图 335），他运用非时尚经典的本领，采用奢侈的面料来制作，将陆军剩余物资改良成基本服装类别，如派克大衣（parka）和多袋工装裤（cargo pants），提供给熟谙时尚设计师们的顾客。

　　海尔姆特·朗认为实用服装可以在奢侈品旗下销售，这一观点使得一个新的产业出现了，一些实用服装从固有的类别中衍生出来，也开始

图 333（左）、图 334（右）　约翰·加里阿诺和亚历山大·麦昆凭借他们与生俱来的对戏剧效果的敏感度，通过秀场展示和晚礼服设计，获得了名望。左，约翰·加里阿诺的迪奥高级定制，1997 年春 / 夏。右，亚历山大·麦昆的设计，2001 年春 / 夏。

逐渐具有时尚的内涵，而在传统观念中它们与时尚相去甚远。他的设计以城市运动装著称，这种主打中性的造型采用了陆军剩余物资和工作装的概念，结合了最新的面料技术革新，如超细纤维（microfiber）和天丝棉（Tencel），并在那些往往适应于如滑板滑雪和登山运动等户外需求的服饰廓形上也融入了时尚的元素。

这场运动的关键的体裁元素包括漏斗领派克大衣（funnel-necked parka）、超大款军裤（combat trousers）和帆布单肩背包。1969 年在旧金山成立的美国零售商盖璞（Gap），让诸如带帽运动衫和工装裤（后者造成了斜纹粗棉布市场的大规模缩减）这样的服得以流行普及，让以往最不起眼的服饰成为了一代又一代人衣橱里的服装。

城市运动装在男装领域的普及，也是与越来越多的人以休闲的方式来选择工作服装息息相关的。牛仔裤和运动衫在 1990 年代被除了需要着正装的行业之外的所有人接受，这是由于"星期五着装"（Friday wear）开始在整个一周中扩展了它的影响力。相反地，随着现成套装需求的缩小，高端定制西服市场随新一代量身定制裁缝的设计创新而迅速发展。在英国，蒂莫西·埃弗里斯特（Timothy Everest）、理查德·詹姆斯（Richard James）和**奥兹沃德·博阿腾**（Ozwald Boateng，图 336）为成衣业引入了一种更为生机勃勃的方法。他们的成功与德国公司雨果·博斯（Hugo Boss）和意大利时装屋阿玛尼（Armani）的持续的国际竞争力相并行。

街头和天桥文化的相似度的越加接近，也体现了它们在前瞻性的时尚运动装中的复苏。美国设计师汤米·希尔费格（Tommy Hilfiger）在 1990 年代中后期，以简洁可辨认的系列，借助密集的品牌推广，概括了极度标签化的休闲装美学。

在整个 1990 年代，品牌推广都对时尚界产生了很大的影响，从该世纪初最早的路易威登字母印花组合图案（monogrammed）行李箱，到香奈儿的缠绕的双 C，以及玛丽·匡特在 1960 年代的雏菊。不过，**普**

拉达（图 337、338）的品牌标签在 1990 年代中期是最为普及的，作为一个米兰的配饰品牌，和古驰一样，它将自己从一个拥有良好声誉的皮革产品制造商转变为一股领先全球的时尚力量。在创始人的孙女缪西娅·普拉达（Miuccia Prada）的掌舵下，它对服饰采取了一种不同寻常的智慧手段，凭借在手提包和雨衣上使用尼龙，在该年代初期获得了最初的追随者，而在当时，时尚界在很长一段时间都热衷于环保天然面料。除了制造方面，公司最初印在行李箱上的三角形金属标识，也成为了普拉达时装品牌的风格主题，并造成了全球范围的廉价模仿。

普拉达对尼龙的拥护，标志着设计师们找到了越来越成熟的合成面料来进行新的应用。人造纤维在 1960 年代的革新为 21 世纪初始所见的

图 335（左）、图 336（右） 左，海尔姆特·朗把传统的派克大衣转变为一种都市运动装的奢侈范例，1998 年秋 / 冬。右，色彩大胆的亚麻套装来自奥兹沃德·博阿腾，2001 年春 / 夏。

图337（左）、图338（右）　普拉达（Prada）对印花和图形的应用给大众市场带来很多灵感，产生了大量模仿其设计但价格低廉得多的产品。左，产生了具有极高影响力的柠檬黄绿色与巧克力色的色彩组合，1996 年春 / 夏。右，中国风情的图案推广了中国的绸缎，并且将传统的旗袍演绎为一种更时髦的版本，1997 年春 / 夏。

图 339（左）、图 340（右） 左，德赖斯·范·诺顿的服装设计，1998 年春 / 夏。他的设计强调了流行于 1990 代末期的，改良后的民族风。右，当时尚转向了用色大胆的新世纪风貌，芬迪使用拼接皮草来创作了一件欧普艺 风格的大衣，正如时尚在新世纪转移到了一个用色大胆的时期， 2000 / 2001 年春 / 夏。

复合纺织品打下了基础，例如，当新的无皱亚麻布开始取代它们的起皱的同类，越来越成熟的人造皮草占领了真皮草的市场，而设计师们也在新的印刷技术如喷墨印刷和激光切割上花了更多的精力。

技术以一种无情的速度，让人们日常生活的风貌发生了改变，并已经开始对时尚产生了不可避免的影响。网络直播的提供，让设计师们可以在线同步地进行他们的T台发布宣传，因此能立即达到数量远多于传统的时装秀观众的全球市场。同时，互联网为人们接触时尚讯息创造了史无前例的便利，许多情况下这让抄袭设计师服装的过程变得很容易。因此，更多的不讲道德的行为产生于连锁店，它们能在原版传递到更高端的零售店之前将模仿版销售给高街的消费者。

在风格方面，自1990年代中期起，女装里唯一最重要的关键造型为"现代波希米亚"，这是一种出自伦敦零售商"旅行"（Voyage）的风格。

从1996年开始到该年代末尾，波希米亚造型成为了女装市场所有档次服饰中最重要的潮流，它是比利时设计师**德赖斯·范·诺顿**（Dries Van Noten，图339）的民族风刺绣、年轻的英国设计师马修·威廉姆森（Matthew Williamson）的大胆的颜色意识，以及像玛尼（Marni）和**芬迪**（Fendi，图340）等米兰设计屋的不相关面料的混合。这是一个基于混搭和分层的潮流，结合了诸如把缩小版

图341 普拉达的"运动"让运动鞋成为一种主要的时尚产品地位的缩影，它在鞋后方的小心低调的红色闪光是唯一的品牌宣传，但是对时尚达人来说却具有深意，1999年春/夏。

图 342 手提包有显著的收藏价值，但很少有包能在 1990 年代达到像芬迪的法棍包这样的程度，它可能是 1990 年代最著名的"必须拥有"的物品。像这样的产品往往只会进行小范围生产，它们的稀缺性更加增长了人们拥有的愿望，2000/2001 年秋 / 冬。

开衫和裙装穿在裤子外面，像鲜红色和橙色这样不调和的颜色，以及包括天鹅绒饰边、刺绣图形、镜面贴花和极小的花朵或佩斯利印花等大量的装饰形式。

由于时尚对待浪漫主义的态度颇为轻率，一个新的市场开始和嬉皮时髦一前一后地发展起来：时尚必需品或者"必须拥有"的物品，随着时尚出版物的增长而得到了极大的推广。曾经不起眼的物件如羊绒披肩（pashmina shawl）变成了令人憧憬的配件。从印度北部克什米尔进口的披肩，最初开始在日常生活中使用，出自一个时尚编辑在长途航班上的安全毯，但它很快代替了围巾，无论是昂贵的原产，还是廉价的使用混合面料的原版仿冒品，突然在很多装扮中出现。

在新世纪的开端，在影响和销售方面，配饰的力量是时尚方向上最显著的迹象。受到古驰和普拉达的成功的启发，其他所有的知名时装品牌开始推出并持续推广手提包、鞋履（图 341）或太阳镜系列，使得消费者可以以有限的预算来购入设计师的梦想。受到推崇的包，例如**芬迪"法棍"包**（baguette，图 342）累积了一个饥渴的顾客的现成的等候名单，他们热切希望去展示这款已被公认为财富象征的时尚包款。

在转折年代里创意潮流的循环流动，标志着一个时代象征的结束和另一个新的时代的诞生，这常常令人感到困惑。在时尚界，随着千禧年的临近，形成了一种对该年代中期的新波希米亚潮流的强烈反对以及对女装成衣业的复兴。这种影响的平衡转向一种更为严重的性感审美，其中许多是受到了 1970 年代和 1980 年代圣罗兰复古服装的启发。例如女衬衣上的猫咪蝴蝶结领、邋遢的裙子长度和剪裁锐利的夹克，围绕着人造钻石、黄金、卢勒克斯织物、绸缎、漆皮和花呢的广泛应用，先前柔软和多层的风貌开始转为专注于需要高度保养的优雅概念。

与女性中产阶级的时尚更新同步发生的，是一种更为直观的 1980 年代风格开始出现，年轻的设计师们以此迎合同时代的客户——那些与设计师们一样，在 1980 年代还是孩子的人们。他们专注于 1980 年代早期的"新浪潮"意象，如像金发女郎乐队（Blondie）和格雷斯·琼斯（Grace Jones）这样的歌手所推广的，关键件包括窄身男性化夹克、打褶针织连衣裙和客制化的刻意弄破的斜纹粗棉布服装、受涂鸦启发的印花布，以及后朋克风格的徽章。

第十一章　21 世纪的时尚

在 21 世纪初始,时尚产业的规模随着从业者数量的日益增加而暴增,这其中增加的不仅仅是设计师、品牌和零售商,还包括资讯供应者,他们通过电子媒体和印刷媒体让时尚在全球范围内能够进行交流和销售。必须顺应某种单一的流行风格的压力逐渐减轻:一面是巴黎、纽约和米兰保持着它们的首要时尚之都的地位;另一面,来自新德里和孟买、北京和香港、约翰内斯堡和里斯本等各个城市的设计师们,发展出了自己的独树一帜的个性和产业。

由于在 2008 年发生了全球范围的经济萧条,设计师和奢侈品品牌不得不在竞争激烈的国际市场中经营。为了保证对其品牌形象和地位起到关键作用的媒体覆盖,巨大的预算投入到了品牌营销中。例如,香奈儿的 2010 年秋 / 冬时装秀(图 343),在一组特地从瑞典进口的、重达 265 吨的冰块背景下进行,雇用了 35 位来自世界不同地区的冰雕师来巴黎,花费 6 天时间进行雕刻。2010 年,时尚产业对先锋设计师亚历山大·麦昆的自杀这一悲剧性的死亡进行了哀悼。而在 2011 年,不拘一格的迪奥设计师约翰·加里阿诺的误入歧途——他因涉及种族歧视言论而遭解雇——让整个时尚界备感震惊。这两位有梦想的设计师都因其时

图343　香奈儿2010年秋/冬的成衣秀，在一座巨大的冰雕前展示了蓬松的人造皮草服装。

装秀的壮观、戏剧性和叙事内容而闻名。麦昆的2008年秋/冬时装秀（图344）的灵感，是受到走访印度以及关于一个长在他家花园尽头600年树龄的老树的梦境的启发：蓬松的芭蕾舞裙装搭配强烈的军装风剪裁，有雍容华贵的鲜红绸缎和褶饰的晚礼服，有蕾丝图案和零星点缀的针织衫，而模特的头饰和拖鞋上都装饰着珠宝。

　　在2011年，十亿多观众已习惯于通过网络来观看视频，包括最新的时装发布会，而电影作为一个时尚媒介的趋势得以复兴也是不可避免的，通过利用数字技术，它将变得十分摩登前沿。由摄影师尼克·奈特（Nick Knight）于2000年创立的SHOW工作室，是一个备受赞誉的时尚平台，它为探索这种潮流的可能性并推动这种潮流的发展提供了帮助。从2003年开始，概念导向型设计师侯赛因·卡拉扬（Hussein Chalayan）运用尖锐的抽象概念以及叙事手法，将其作品所包含的民族精神与诸如移民这样的复杂主题紧密地结合在了一起。在卡拉扬时不时地举办独立发布会时，国际设计师以及设计品牌——包括豪斯顿（Halston）、伊夫·圣罗兰、维克托和罗尔夫、亚历山大·麦昆、香奈儿、穆勒、普拉达、博柏利（Burberry）以及加雷斯·皮尤（Gareth Pugh）——近年通过影片或加入电影元素，将其作为时装周日程的一部分来呈现他们的设计系列。

在每个季节的时尚选择呈现多样化时，重点的趋势依然可以得到辨别。在动荡不安的社会经济形势下，怀旧成为了一种主导的文化力量。到了 2008 年，波希米亚—嬉皮（boho-hippy）潮流下的手工导向的风潮以及纤弱的中性风格，被受 1940 年代和 1980 年代时尚所启发的强劲的结构廓形取代。这些服饰的特点为垫肩、缩腰（再次使用腰带来获得理想造型）以及淡淡的肉色、黑色和驼色的优雅的色调，或并列排布的大胆的原色。紧贴臀部的紧身裤被高腰的流畅的款式取代。经过巧妙处理和装饰的昂贵面料保持了精英时尚的品质，而且亮片、皮草、毛羊皮（shearling）和羽毛重新得到了使用。滑稽讽刺剧的影响卷土重来，感官享受和哥特式的魅惑很明显地从中得到了体现——内衣外穿，贴身内衣面料，尤其是淡肉色调和黑色蕾丝。

在获得多样的时尚选择的同时，消费者现在可以享受每天 24 小时的灵活购物机会。时

图 344　亚历山大·麦昆 2008 年秋 / 冬秀场上的一位模特。这个系列的灵感来自一个关于印度公主的梦境。

尚零售市场，因为电子商务这一当前市场的快速发展而发生了改变。从2006 年到 2011 年，全球在线时尚销量增长了152%，这很大地受到了高街店铺的新型交易网站的推动，而智能手机上的时尚应用软件则方便了移动购物。而必须敏锐地平衡排外性与商业规则的奢侈品行业，因惧怕奢侈品和线上购物互不相容而对电子商务产生了巨大的抵触。大部分设计师在当下确实拥有一个强大的，拥有创新的、体验型页面的网络平台，但他们在将来，或许势必会受制于在线贸易。

在线博客在创作者、零售商和消费者间发挥了中间人的作用，其中例如"手工裁缝"（The Sartorialist）、"面孔猎手"（Facehunter）已经吸引了大量的追随者；他们拥有特别的、与设计师导向全然相反的个人风格和式样，不像在 1980 年代开始发行的，在当时具有开创性的《iD》和《The Face》杂志。参与其中的是"真实的"消费者的声音，他们通过像脸书（Facebook）、推特（Twitter）这样的社交网站来对潮流和产品做出反应。

许多传统品牌，为了重新定位它们的奢侈品的时尚商标，聘用了有天赋的设计师们来重新表达其经典并在品牌标签里注入新的现代活力。英国的博柏利享受到了克里斯托弗·贝利（Christopher Bailey）的创意投入而带来的巨大成功；法国品牌巴黎世家（Balenciaga）和朗万（Lavin）分别通过尼古拉斯·盖斯奇埃尔（Nicholas Ghesquière）和阿尔伯·艾尔巴茨（Alber Elbaz）而得到复兴，另外还有分别因为斯特凡诺·皮拉蒂（Stefano Pilati）和菲比·菲罗（Phoebe Philo）的加入而同样得到复兴的伊夫·圣罗兰和赛琳（Céline）。手提包依然是"必须拥有"的配件，一些最令人渴望的产品产生了顾客等候名单，准备为他们的奢侈品支付高昂的费用。爱马仕得益于前卫的比利时设计师马丁·马吉拉（Martin Margiela）和巴黎时尚界的坏男孩让-保罗·高提耶（Jean-Paul Gaultier）的天赋，为其产品线注入了趣味和现代性，而**路易威登**（图 345）由于马克·雅各布斯（Marc Jacobs）的掌舵而获得了广泛的赞誉和市场的成功。

中国预计将会在 2020 年成为世界最大的奢侈品市场，迅速壮大的超级富豪队伍通过沉迷于精英时尚来彰显他们的风格和地位。设计师和奢侈品品牌在中国不仅通过开设旗舰店来拓展他们的零售业务，而且还积极地强调品位上的文化特殊性。爱马仕甚至推出了一个具有中国特色的复线品牌"上下"。中国是非常重要的，不仅在外销上，还包括向欧洲"进口"时尚消费：2011 年，中国顾客在伦敦买到的奢侈品产品比在国内要便宜 30%。

奢侈品能通过媒体报道来提升品牌效益，但并不能因此获得最大的利益。为了提高更为广泛的公众知名度，以及促进那些还没有带来显著利润的特许经营产品和副线产品的销售，许多设计师针对大众市场设定了特别的价位。（由于这些产品不会与他们本身的专用产品线进行竞争，因此他们并未有妥协之感。）像索尼亚·里基尔（Sonia Rykiel）、马修·威廉姆森（Matthew Williamson）和"像男孩一样"（Comme des Garçons）这样的领先的国际时尚品牌，纷纷为高街时尚品牌 H&M 设计过销售一空的特定系列，而 Topshop 也与英国前沿设计师如克里斯托弗尔·凯恩（Christopher Kane）和约翰森·桑德斯（Jonathan Saunders），以及——可能是最著名的——超模和风格领军者凯特·摩斯（Kate Moss）进行过合作。

图 345　经典的法国奢侈品箱包品牌路易威登，为时尚市场推出了一款饰以涂鸦标识设计图案的霓虹粉色包。马克·雅各布斯为路易威登设计的向斯蒂芬·斯普劳斯（Stephen Sprouse）致敬的系列，2009 年。

能决定消费者选择的非同寻常的名人影响力，已经成为 21 世纪的显著特征。时尚品的销售额随着顶级明星、超级模特、流行媒体名人以及精英社会的宣传而飞涨。当凯瑟琳，剑桥公爵夫人、英国王位的第二顺位继承人的新婚妻子，于 2011 年 5 月穿着一件来自高端高街品牌瑞斯（Reiss）的肉色的绷带裹身裙后（图 346），来自全世界范围的订购造成了这款裙装在当天即告售罄。随着全世界媒体的聚光灯对他们的密集曝光，名人、富人和被授予头衔的名流会邀请专属造型师来塑造他们的形象以避免失误。卢雷恩·斯科特（L'Wren Scott）为好莱坞明星妮可·基德曼（Nicole Kidman）做穿着造型，而日意混血造型师尼克拉·弗米切提（Nicola Formichetti）则为轰动一时的流行歌手嘎嘎小姐（Lady Gaga）打点行头，尽管缺少正规时尚培训，他依然在 2010 年 9 月被蒂埃里·穆勒聘任为创意总监。

Coolspotters（coolspotters.com）通过线上运营提供了一个一站式的门户网站，用于识别名人自己以及他们在电影和电视中全然不同的虚拟人物的穿着风格。像 ASOS（As Seen On Screen-asos.com）这样的网站会出售名人穿过的服装和配饰的模仿款，而那些渴望与自己所喜爱的明星产生更切实联系的人则通过一些网站来租借明星们"真正"穿过的服装。反过来，名人则利用他们的知名度来发布他们自己的时尚品牌；或许其中最成功的要属维多利亚·贝克汉姆（Victoria Beckham），这位前流行歌手及足球运动员大卫（David）的妻子，她的时髦裙装系列广受好评并吸引了许多的名人顾客。

穿着古着式时尚——能反映当下流行趋势的有年代的服装——的风潮，已经对那些同质化的、品质低劣的批量生产的时尚形成了挑战；它以可以承受的价格来提供个人风格并通过回收利用强调了环保意识。凯特·摩斯开创了将复古衣物与高街和顶级时尚服装相混搭的风潮。专业经销商会通过拍卖行［在线拍卖网站易贝（eBay）是古着式服装的一个主要承办商］、零售和在线折扣店来进行运营。在高端市场，造型师为包括朱莉娅·罗伯茨（Julia Roberts）、娜塔丽·波特曼（Natalie Portman）、佩内洛普·克鲁兹（Penélope Cruz）和安吉丽娜·朱莉（Angelina Jolie）在内的顶级女明星们购置了博物馆级的产品（图347、348），她们都被拍到穿着奢侈品牌古着装出现在奥斯卡庆典的红毯上。主流品牌开始挖掘个体表达的诉求，如运动品牌耐克（Nike）为消费者提供了个人定制服务。

时尚的本质是短暂的，一个新的术语，"快时尚"（fast fashion）被用来形容高街售卖的廉价却时尚前卫的服装。据估计，在以高端高街时尚商店而著名的英国，2011年"平均"女性所拥有的衣服是1980年与她同等水平的女性的大约四倍。这个结论说明，越来越多的能源、材料和劳动力资源正在被消耗，而垃圾填埋场将无法容纳。

图346 2011年威廉王子和凯瑟琳·米德尔顿（Catherine Middleton）的婚礼庆典。新娘穿着由亚历山大·麦昆的设计师莎拉·伯顿（Sarah Burton）设计的婚纱。

图347（左）、图348（右）　左，2003年，超模兼风格领军者凯特·摩斯穿着法国裁缝师让·德塞（Jean Dessès）设计的古着式裙装。右，2007年，女演员西耶娜·米勒（Sienna Miller）穿着由伊曼纽尔·温加罗（Emanuel Ungaro）设计的一款优雅的古着式露背长裙，出席英国学院电影颁奖礼。

　　未来将会怎么样呢？尽管消费是永远不可能被取代的，不过网络虚拟环境购物，为人们提供了一种休闲活动和来表达个人时尚选择的折扣店，有时不需要实际预算支出，也不会造成不必要的碳排放。我们见证了匮乏的全球资源的快速消耗以及过度消费带来的环境影响，因此，虚拟购物或许——如果能成功地发展的话——将提供另外一个充满趣味、无忧无虑和可持续的替代选择。

参考书目

ARNOLD, R. *Fashion, Desire and Anxiety: Image and Morality in the 20th Century*. London 2001.

BOEHN, MAX VON. *Modes and Manners*. 4 vols. London 1932.

BOUCHER, P. *A History of Costume in the West*. London 1967.

BRADFIELD, N. *Historical Costumes of England*. London 1938.

— *Costume in Detail: Women's Dress 1730-1930*. London 1969.

BRADLEY, C. G. *Western World Costume*. New York 1954.

BREWARD, C. *The Hidden Consumer: Masculinites, Fashion and City Life* 1860-1914. Manchester 1999.

BROOKE, IRIS. *English Costume*. 6 vols. London 1931-5.

CHENOUNE, F. *A History of Men's Fashion*. London and New York 1946.

CUNNINGTON, C. W. *English Women's Clothing in the Nineteenth Century*. London 1937.

— *English Women's Clothing in the Present Century*. London 1952.

CUNNINGTON, C. W. and P. *Handbook of English Mediaeval Costume*. London 1952.

— *Handbook of English Costume in the Sixteenth Century*. London 1954.

— *Handbook of English Costume in the Seventeenth Century*. London 1955.

— *Handbook of English Costume in the Eighteenth Century*. London 1957.

— *Handbook of English Costume in the Nineteenth Century*. London 1959.

— *A Dictionary of English Costume*. London 1960.

DAVENPORT, N. *Book of Costume*. London 1948.

DE MARLY, D. *The History of Haute Couture, 1850-1950*. London and New York, 1980.

DIOR, C. *Christian Dior and I*. New York 1957.

DRUITT, H. *A Manual of Castume as Illustrated by Monumental Brasses*. London 1906.

EICHER, J. (ed.) Berg *Encyclopedia of World Dress and Fashion*. 10 vols. Oxford and New York, 2010.

EVANS, C. *Fashion at the Edge*. London and New York 2003.

— and THORNTON, M. *Women and Fashion*. London 1989.

EVANS, M. *Costume through the Ages*. London 1930.

EWING, E. *History of 20th Century Fashion*. London 1974; New York 1975.

FAIRHOLT, F. W. *Costume in England*. 2 vols. London 1885.

GLYNN, P. *In Fashion: Dress in the Twentieth Century*. London 1978.

HART, A. and NORTH, S. *Fashion in Detail: From the 17th and 18th Centuries*. London 1998.

HERALD, J. *Renaissance Dress in Italy 1400-1500*. London 1982.

HOLLAND, V. *Hand-coloured Fashion Plates, 1770-1899*. London 1955.

HOWELL, G. *In Vogue*. London 1975.

JOHNSTON, L. *Nineteenth-Century Fashion in Detail*. London 2005.

KEENAN, B. *Dior in Vogue*. London and New York 1981.

KELLY, F. M. and SCHWABE, R. *Historic Costume*. London, 1925.

— *A Short History of Costume and Armour*. London 1931.

LAVER, J. *Fashion and Fashion Plates*. London 1943.

— *Taste and Fashion*. London 1945.

— *Costume*. London 1963.

— *Dress*. London 1966.

LEE, S. T. (ed.) *American Fashion: the Life and Lines of Adrian, Mainbocher, McCardell, Norell, Trigère*. New York 1975; London 1976.

TESTER, K. M. *Historic Costume*. London 1942.

LURIE, A. *The Language of Clothes*. London and New York 1982.

MENDES, V. and DE LA HAYE, A. *20th Century Fashion*. London and New York 1999.

MILBANK, C. R. *Couture: The Great Fashion Designers*. London 1985.

MULVAGH, J. *Vogue: History of 20th Century Fashion*. London 1988.

O' HARA, G. *The Encyclopaedia of Fashion*. London and New York 1986.

PEACOCK, J. *20th Century Fashion: The Complete Sourcebook*. London and New York 1993.

— *Men' s Fashion: The Complete Sourcebook*. London and New York 1996.

— *Fashion Accessories: The Complete 20th Century Sourcebook*. London and New York 2000.

PLAN CHÉ, V. R. *A Cyclopaedia of Costume*. 2 vols. London 1876, 1879.

POLHEMUS, T. *Streetstyle*. London and New York 1994.

SCOTT, M. *Late Gothic Europe 1400-1500*. London 1981.

TAYLOR, L. *The Study of Dress History*. Manchester 2002.

— *Establishing Dress History*. Manchester 2004.

VAN THIENEN, F. *The Great Age of Holland* ('Costume of the Western World'). London 1951.

WILCOX, C. AND MENDES, V. *Modern Fashion in Detail*. London 1991.

图片版权

Frontispiece: Frederick V of Bohemia and his wife Elisabeth Stuart, 1628, A. P. van de Venne, Rijksmuseum, Amsterdam.

1 Venus of Lespugue, Haute-Garonne, France. Aurignacian period, *c.* 25,000 BC. Ivory, Paris, Musée de l'Homme.

2 Seated woman from Mari, Iraq. Sumerian, c. 2900-2685 BC. Alabaster. Damascus Museum, courtesy of André Parrot. *Photo Hirmer Verlag.*

3 Standing figure of King Ikushshamagan from Mari, Iraq. Sumerian, *c.* 2900-2685 BC. Alabaster. Damascus Museum, courtesy of André Parrot. *Photo Hirmer Verlag.*

4 The god Abu(?) and a female statue from Tell Asmar, Iraq. Sumerian, early third millennium BC. Alabaster. Baghdad, Iraq Museum. *Photo Oriental Institute, University of Chicago.*

5 Statue of Assurbanipal II from Nimrud, Iraq. Babylonian, 883-859 BC. Limestone. London, British Museum.

6 Relief from Persepolis, Iran. Persian, fifth century BC. Boston Museum of Fine Arts. *Photo Boston Museum.*

7 Warriors from Susa, Iran. Persian, fifth-fourth century BC. Glazed brick relief. Paris, Louvre. *Photo M. Chuzeville.*

8 Banquet scene from the tomb of the brother Wah, Thebes (copy by Nina M. Davies). Egyptian, XVIII Dynasty, 1555-1330 BC. *Photo Oriental Institute, University of Chicago.*

9 King Tutankhamen and Queen Ankhesenpaten. Back panel of throne from the Tomb of Tutankhamen, Thebes. Egyptian, XVIII Dynasty, 1555-1330 BC. Tomb 1350-1340 BC. Wood overlaid with gold, silver and inlays. Cairo Museum. *Photo Roger Wood.*

10 Woman bearer of offerings. Egyptian, XI-XII Dynasty, *c.* 2000 BC. Wood and stucco statue. Paris, Louvre.

11 King Akhenaton and Queen Nefertite. Egyptian, XVIII Dynasty, 1555-1330 BC. Painted relief. Paris, Louvre. *Photo Giraudon.*

12 Snake goddess from the Palace of Knossos, Crete. Late Minoan, *c.* 1600 BC. Faience statuette. Heraklion, Archaeological Museum.

13 Snake goddess from the Palace of Knossos, Crete. Late Minoan, *c.* 1600 BC. Faience statuette. Heraklion, Archaeological Museum.

14 *La Parisienne* from Knossos, Crete. Late Minoan, 1550-1450 BC. Fresco. Heraklion,Archaeological Museum. *Photo by courtesy of Dr Anne Ward.*

15 Priest-king from Knossos, Crete. Late Minoan, 1550-1450 BC. Reconstructed stucco relief. Heraklion, Archaeological Museum.

16 Lady from Tanagra, third century BC, and maid-servant from Alexandria, *c.* 300 BC. Hellenistic period. Terracotta figurines. London, British Museum. *Photo Peter Clayton.*

17 The goddess Athena from the Acropolis, Athens. Greek, c. 450 BC. Marble votive relief. Athens, Acropolis Museum. *Photo Hirmer Verlag.*

18 The Charioteer of Delphi, Greece. Greek, *c.* 475 BC. Bronze statue. Delphi Museum. *Photo Hirmer Verlag.*

19 Drawing of mythological scene from *Monuments de Sculptures Antiques et Modernes*, Vauther and Lacour, Paris 1839. Drawing of original Greek relief in the Louvre of the fifth century BC.

20 Drawing of Greek statues from *Monuments de Sculptures Antiques et Modernes*, Vauther and Lacour, Paris 1839.

21 Maenad, perhaps by Kallamachos. Roman copy of Greek original, late fifth century BC. Pentelic marble relief. New York, The Metropolitan Museum of Art, Fletcher Fund, 1935.

22 Torso of the goddess Minerva from Tiber. Mid fifth century BC. Rome, National Museum. *Photo Mansell Collection.*

23 Boy from Trallis, Caria. Roman, perhaps first century BC. Marble statue. Istanbul Museum. *Photo Hirmer Verlag.*

24 Girl from Verona, Italy. Roman copy of Greek original, 50 BC–AD 50. Bronze statuette inlaid with silver. London, British Museum.

25 Head of unknown woman from Sicily. Greek, sixth century BC. Terracotta. Syracuse Museum. *Photo Soprintendenza alle Antichità, Syracuse.*

26 Head of the Muse Polyhymnia. Roman copy of Hellenistic original. Marble. Rome, Capitoline Museum. *Photo Georgina Masson.*

27 Head of Borghese Hera. Probably Roman copy of Greek original, third century BC. Marble Copenhagen, Ny Carlsberg Glyptotek.

28 Warrior from red figure volute-krater by the Niobid Painter. Greek, perhaps Theseus, c. 470 BC. Palermo, National Archaeological Museum. *Photo Soprintendenza alle Antichità.*

29 Warrior from red figure amphora by the Berlin Painter. Greek, early fifth century BC. London, British Museum.

30 Female dancer. Etruscan, end sixth century BC. Bronze. Boston, Museum of Fine Arts.

31 Dancers from Tomb of Leopards, Tarquinia. Etruscan, first quarter of fifth century BC. Wall-painting.

32 Vestal virgin. Roman, second century AD. Marble statue. Rome, National Museum. *Photo Mansell Collection.*

33 The Emperor Tiberius. Roman, first century AD. Marble statue. Paris, Louvre. *Photo Giraudon.*

34 'Bikini girl' from Imperial Villa, Piazza Armerina, Sicily. Roman, late third century AD. Mosaic. *Photo André Held.*

35 Drawing of Roman statues from *Monuments de Sculptures Antiques et Modernes*, Vauther and Lacour, Paris 1839.

36 Head of unknown Roman lady from pagan grave beneath St Peter's, Rome. By courtesy of Reverenda Fabrica della Basilica di San Pietro.

37 Head from group of Three Graces. Roman. Siena, Museo dell'Opera della Cattedrale. *Photo Alinari.*

38 Head of Roman girl. Hellenistic sculpture in Egyptican style,

date unknown. Rome, Capitoline
Museum. *Photo Georgina Masson.*

39 Head of unknown woman. Roman,
   Flavian period, second century AD.
   Marble. Rome, Capitoline Museum.

40 Sarcophagus. Roman, late fourth
   century AD. Marble. Milan, S.
   Ambrogio Cathedral. *Photo Mansell
   Collection.*

41 Procession of female saints.
   Byzantine, set up *c.* 561. Mosaic.
   Ravenna, Church of St Apollinare
   Nuovo. *Photo Alinari.*

42 The Empress Theodora and her suite.
   Byzantine, 500-26. Mosaic. Ravenna,
   San Vitale. *Photo Alinari.*

43 Head of the Emperor Justinian.
   Byzantine, 500-26. Mosaic. Ravenna,
   San Vitale.

44 Head of the Empress Theodora.
   Byzantine, 500-26. Mosaic. Ravenna,
   San Vitale.

45 Four parts of Empire-Sclavinia,
   Germania, Gallia and Roma-paying
   homage to Otto III enthroned.
   Ottonian, 997-1000. Gospel book of
   Otto III. Munich, Staatsbibliothek.
   Photo Hirmer Verlag.

46 King Edward the Confessor from
   the Bayeux tapestry. Late eleventh
   century. Bayeaux, Musée de la
   Tapisserie. *Photo Giraudon.*

47 Preparations for a wedding from
   The Woman of Andros, Terence.
   MS executed at St Albans, mid
   twelfth century Illustrations goes
   back through a Carolingian copy to
   a late classical manuscript. Oxford,
   Bodleian Library, MS Auct. F.2.13, f.
   4v.

48 Crusader doing homage, from an
   English psalter. Thirteenth century.
   London, British Museum, MS Royal

2AXXII, f. 220.

49 Shepherds, *c.* 1150, from tympanum
   of 'Portal of the Virgin', west porch,
   Chartres Cathedral. *Photo Martin
   Hürlimann.*

50 Sainted king and queen, c. 1150, west
   porch, Chartres Cathedral. *Photo
   Bildarchiv Marburg.*

51 The Lady Uta, founder-figure,
   c. 1245, west choir, Naumburg
   Cathedral. *Photo Helga Schmidt-
   Glassner.*

52 Peasant costume from the Luttrell
   Psalter. English, *c.* 1335-40. London,
   British Museum, MS 42130, f. 170.

53 Sir Georffrey Luttrell with his wife
   and daughter-in-law, from the Luttrell
   Psalter. English, c. 1335-40. London,
   British Museum, MS 42130, f. 202v.

54 Dame Margarete de Cobham, from
   Cobham, Kent. English, 1375.
   Monumental brass rubbing. London,
   Victoria and Albert Museum.

55 John Coop, from Stoke Fleming,
   Devon. English, 1391. Monumental
   brass rubbing. London, by courtesy
   of the Society of Antiquaries. *Photo
   C. Bibbey.*

56 Agnes Salmon, from Arundel,
   Sussex. English, 1430. Monumental
   brass rubbing. London, Victoria and
   Albert Museum.

57 Robert Skern, from Kingston-upon-
   Thames, Surrey. English, 1437.
   Monumental brass rubbing. London,
   Victoria and Albert Museum.

58 Probably Elizabeth Hasylden, from
   Little Chesterford, Essex. English, c.
   1480. Monumental brass rubbing.

59 William Midwinter (d. 1501),
   from Northleach, Gloucester-shire.
   English, early sixteenth century.
   Monumental brass rubbing.

60 *The Marriage of Giovanni (?) Arnolfini
and Giovanna Cenami (?)*, 1434, Jan
van Eyck. London, by courtesy of
the Trustees of the National Gallery.
Photo National Gallery.

61 Male and female costume, c. 1470.
Engraving by Israel van Meckenem.

62 Male and female costume, c. 1485.
Engraving by Israel van Meckenem.

63 *Wedding of Boccaccio Adimari, c.*
1470, Florentine school. Florence,
Accademia. *Photo Scala.*

64 *Duchess of Urbino*, after 1473, Piero
della Francesca. Florence, Uffizi.

65 *Portrait of a lady in red, c.* 1470,
Florentine school. London, by
courtesy of the Trustees of the
National Gallery.

66 *Margaret of Denmark, Queen of
Scotland* (detail), 1476, ascribed
to Hugo van der Goes. Edinburgh,
Holyrood Palace. Reproduced by
gracious permission of Her Majesty
the Queen.

67 Philip the Good, Duke of Burgundy,
receiving a copy of the *Chroniques de
Hainaut*. Flemish, 1448. Miniature.
Brussels, Bibliothèque Royale de
Belgique, MS 9242, f. 1r.

68 Christine de Pisan presenting her
book of poems to Isabel of Bavaria,
Queen of France. French, early
fifteenth century. Miniature from
Works of Christine de Pisan. London,
British Museum, MS Harley 4431, f.
3r.

69 Detail from *Chronique d'Angleterre*,
Jean de Wavrin. Flemish, fifteenth
century. London, British Museum,
MS Royal 14.E.IV.

70 *Portrait of a lady, c.* 1455, Rogier van
der Weyden. Washington, National
Gallery of Art, Andrew Mellon

Collection.

71 *Giovanna Tornabuoni*, 1488,
Domenico Ghirlandaio. Lugano,
Thyssen Collection. *Photo Brunel
Lugano.*

72 *Nuremberg housewife and Venetian
lady*, 1495, Albrecht Dürer. Drawing.
Frankfurt, Stäidelsches Kunstinstitut.

73 Jacob Fugger 'the Rich', the
Emperor's banker with his chief
accountant Matthäus Schwarz, 1519.
Miniature. Brunswick, Herzog Anton
Ulrich-Museum.

74 German *Landsknecht, c.* 1530.
Design for stained-glass window.
London, Victoria and Albert
Museum.

75 The Swiss Guards, detail from
Mass of Bolsena, 1511-14, Raphael.
Fresco. Rome, Vatican, Stanza dell'
Eliodoro.

76 *Duke Henry of Saxony and his wife*,
1514, Lucas Cranach. Dresden,
Gemäldegalerie.

77 *Katherine, Duchess of Saxony*,
1514, Lucas Cranach. Dresden,
Gemäldegalerie.

78 *Katherina Knoblauchin*, 1532, Conrad
Faber. Dublin, National Gallery of
Ireland.

79 *Portrait of an unknown man*, before 1540,
Bartolommeo Veneto. Rome, Galleria
Nazionale. *Photo Mansell Collection.*

80 *Francis I of France*, first half of
sixteenth century, attributed to
François Clouet. Paris, Louvre. *Photo
Garanger-Giraudon.*

81 *Helen of Bavaria, c.* 1563-6, Hans
Schöpfer. Munich, Bayerische
Staatsgemäldesammlungen.

82 *Jane Seymour, c.* 1536-7, Hans
Holbein. Vienna, Kunsthistorisches
Museum.

83 *Henry VIII*, based on original of 1537, school of Holbein. Liverpool, Walker Art Gallery.

84 Costume plate, *c*. 1560. Engraving by Jost Amman. London, British Museum.

85 The *Ambassadors*, 1533, Hans Holbein. London, by courtesy of the Trustees of the National Gallery.

86 *Thomas Cranmer*, 1546, Gerhardt Flicke. London, National Portrait Gallery.

87 *Emperor Charles V with his dog*, 1532, Titian. Madrid, Prado. *Photo Mas*.

88 *Anne of Austria, Queen of Spain*, 1571, Sanchez Coello. Vienna, Kunsthistorisches Museum.

89 *A tailor*, probably *c*. 1571, Giovanni Battista Moroni. London, by courtesy of the Trustees of the National Gallery.

90 *Portrait of a young man*, probably c. 1540, Angelo Bronzino. New York, The Metropolitan Museum of Art, H. O. Havemeyer Collection.

91 *Pierre Quthe*, 1562, François Clouet. Paris, Louvre. *Photo Giraudon*.

92 *Mary I, Queen of England*, 1554, Antonis Mor. Madrid, Prado. *Photo Mansell Collection*.

93 *Elizabeth I, 'Rainbow Portrait'*, *c*. 1600, style of Marcus Gheeraerts. Reproduced by permission of the Marquess of Salisbury KG, Hatfield House.*Photo Courtauld Institute of Art*.

94 *Magdalena, Duchess of Neuburg*, *c*. 1613, formerly attributed to Peter Candid (de Witte). Munich, Alte Pinakothek. *Photo Joachim Blauel*.

95 *Queen Elizabeth at Blackfriars*, *c*. 1600, Marcus Gheeraerts. Collection

Simon Wingfield Digby MP, Sherborne Castle. *Photo Fleming*.

96 Elizabeth, Briget and Susan, 1589, from tomb of their grandmother Mildred, Lady Burghley. London, Westminster Abbey. Crown copyright. *Photo Royal Commission on Historical Monuments*.

97 Sir Robert Burghley, 1589, from tomb of his mother Mildred, Lady Burghley. London, Westminster Abbey. Crown copyright. *Photo Royal Commission on Historical Monuments*.

98 Elizabeth costume, from *Description of England*. Anonymous drawing. Flemish, late sixteenth century. London, British Museum, MS Add. 28330.

99 *Rubens and his wife Isabella Brant*, 1610, Peter Paul Rubens. Munich, Alte Pinakothek.

100 *Sigmund Feierabendt, the bibliophile*, 1587. Engraving by J. Sadeler.

101 *Ball given at the Court of Henry III in honour of the marriage of the Duc de Joyeuse*, late sixteenth century, French school. Paris, Louvre. *Photo Giraudon*.

102 *Sir Christopher Hatton*, 1589, Anonymous. London, National Portrait Gallery.

103 *Sir Walter Raleigh*, *c*. 1588, Anonymous. London, National Portrait Gallery.

104 *Richard Sackville, Earl of Dorset*, 1616, Isaac Oliver. Miniature. London, Victoria and Albert Museum.

105 French nobleman, 1629. Etching by Abraham Bosse.

106 French nobleman, *c*. 1630. Etching by Abraham Bosse.

107 French nobleman, *c*. 1636. Etching
   by Abraham Bosse.
108 French noblewoman, *c*. 1636.
   Etching by Abraham Bosse.
109 *Gallery of the Palais Royal, c*. 1640.
   Engraving by Abraham Bosse. Paris,
   Musée Carnavalet. *Photo Giraudon*.
110 *Henry Rich, 1st Earl of Holland*,
   1640, studio of Daniel Mytens.
   London, National Portrait Gallery.
111 *Wedding celebration*, 1637, Wolfgang
   Heimbach. Bremen, Kunsthalle.
112 *Portrait of a middle-aged woman
   with hands folded*, 1633, Frans Hals.
   London, by courtesy of the Trustees
   of the National Gallery.
113 *Autumn, c*. 1650. Engraved by R.
   Gaywood after W. Hollar.
114 Suit with petticoat breeches, *c*. 1665.
   Edinburgh, Royal Scottish Museum.
   Photo Tom Scott.
115 Sir Thomas Isham's wedding suit, *c*.
   1681. London, Victoria and Albert
   Museum.
116 *Two ladies of the Lake Family*,
   c. 1660, Peter Lely. London, by
   courtesy of the Trustees of the Tate
   Gallery.
117 *Charles II on horseback, c*. 1670.
   Engraving by Pieter Stevensz.
118 *Sir Robert Shirley*, 1622, Anthony
   van Dyck. Courtesy the Treasury,
   The National Trust (Lord Egremont
   Collection, Petworth).
119 *Duke of Burgundy, c*. 1695. Engraving
   by R. Bonnart.
120 *Homme de qualité jouant de la basse
   de viole*, 1695. Engraving by J. D. de
   Saint-Jean.
121 *Dame de la plus haute qualité* 1693.
   Engraving by J. D. de Saint-Jean.
122 *Femme de qualité en déshabille
   d'étoffe siamoise*, 1687, Engraving

by J. D. de Saint-Jean.
123 *Mode bourgeoise, c*. 1690, from
   Costume Epoque Louis XIV, vol. I.
   Engraving by N. Guerard. New York,
   The J. Pierpoint Morgan Library.
124-7 Four French costumes, end
   seventeenth century. Engravings by S.
   le Clerc.
128 *James Stuart and his sister Louisa
   Maria Theresa*, 1695, Nicolas de
   Largillière. London, National Portrait
   Gallery.
129 Wedding procession, 1674, from
   Relazione del regno di Svezia,
   Lorenzo Magalotti. Drawing.
   Stockholm, Nordiska Museet.
130 *Madame de Pompadour*, 1759,
   François Boucher. London,
   reproduced by permission of the
   Trustees of the Wallace Collection.
131 *Martin Folkes, c*. 1740. Mezotint
   by James McArdell after Thomas
   Hudson.
132 *Lord Mohun, c*. 1710, Godfrey
   Kneller. London, National Portrait
   Gallery.
133 *The five orders of periwigs*, 1761.
   Engraving by William Hogarth.
134 *Lady Howard, c*. 1710. Mez otint by J.
   Smith after Godfrey Kneller.
135 *Mrs Anastasia Robinson, c*.
   1723. Mezzotint by J. Faber after
   Vanderbank.
136 Sketches of three figures, Antoine
   Watteau (1684-1721). Chalk drawing.
   Berlin, Kupferstichkabinett.
137 Costume design for lady and maid,
   mid eighteenth century. Dressmaking
   pattern from La *Couturière*.
138 Workroom of a dressmaker and
   diagrams, 1748. Engraving from
   Encyclopédie Méthodique.
139 *The Graham children*, 1742, William

Hogarth. London, by courtesy of the Trustees of the National Gallery.

140 *Mr and Mrs Andrews, c.* 1748, Thomas Gainsborough. London, by courtesy of the Trustees of the National Gallery.

141 *Two ladies sewing, c.* 1750. Anonymous engraving.

142 *Joseph Suss*, 1738. Anonymous engraving.

143 *Lady with straw hat, c.* 1750. C. W. E. Dietrich. Hanover, Niedersachsische Landesgalerie.

144 *Thé, à l'Anglaise chez la Princess de Conti*, 1766, Michel-Barthélemy Ollivier. Paris, Louvre. Photo Giraudon.

145 *Girl with chocolate*, after 1742, Jean Etienne Liotard. Dresden, Gemäldegalerie.

146 Mob cap, 1780. Engraving.

147-52 Six male and female coiffures. French, *c.* 1778. Engraving.

153 *The Morning Walk*, 1785, Thomas Gainsborough. London, by courtesy of the Trustees of the National Gallery.

154 *Joseph II meets Catherine the Great*, 1787, Johann Hieronymus Löschenkohl. Vienna, Historisches Museum. *Photo Meyer.*

155 *N'ayez pas peur, ma bonne amie, c.* 1776. Engraving after Moreau le Jeune.

156 *Les Adieux, c.* 1777. Engraving after Moreau le Jeune.

157 *Le Rendez-vous pour Marly, c.* 1776. Engraving after Moreau le Jeune.

158 *The Promenade at Carlisle House*, 1781. Mezzotint by J. R. Smith.

159 *Coiffure sans redoute, c.* 1785. Engraving.

160 *Robe à la Polonaise*, 1778. Fashion plate from *Galerie des Modes.*

161 Dressmaker carrying a pair of paniers, *c.* 1778. Fashion plate from *Galerie des Modes.*

162 Walking dresses, 1795. Fashion plate from Heideloff's *Gallery of Fashion.*

163 Summer dresses, 1795. Fashion plate from Heideloff's *Gallery of Fashion.*

164 Day dresses, 1796. Fashion plate from Heideloff's *Gallery of Fashion.*

165 *Point de Convention, c.* 1801, Louis-Léopold Boilly. French private collection. *Photo Federico Arborio Mella.*

166 Left: Morning dress, February 1799. Fashion plate.
Right: Ball dress, 1800. Fashion plate from *Journal des Luxus und der Moden, Weimar.*

167 *Madame Récamier*, 1802, François Gérard. Paris, Musée Carnavalet. *Photo Giraudon.*

168 *I have not learned my book, Mamma, c.* 1800. Stipple engraving by Adam Buck.

169 *La belle Zélie*, 1806, J.-A.-D. Ingres. Rouen, Musée des Beaux-Arts. *Photo Giraudon.*

170 English outdoor dress, *c.* 1807-10. Manchester, Museum of Costume, Platt Hall.

171 Male and female walking dress, 1810. Fashion plate from *Journal des Dames et des Modes.*

172 Summer walking dresses, 1817. Fashion plate from *Journal des Dames et des Modes.*

173 *Thomas Bewick, c.* 1810. Engraving by F. Bacon after James Ramsay.

174 *Captain Barclay, 'the celebrated pedestrian', c.* 1820. Engraving.

175 Male and female walking dress, 1818. Fashion plate.

176 Kensington Garden dresses for June

Photo National Gallery.

210 *Derby Day*, 1856-8, William Powell Frith. London, by courtesy of the Trustees of the Tate Gallery.

211 *Omnibus Life in London*, 1859, William Egley. London, by courtesy of the Trustees of the Tate Gallery.

212 Ladies' and child's costume, March 1877. Fashion plate from *Journal des Demoiselles.*

213 Evening dresses, *c*. 1877. Fashion plate from *Le Follet.*

214 *Too Early*, 1873, James Jacques Tissot. London, Guildhall Art Gallery.

215 *La Grande Jatte*, 1884-6, Georges Seurat. Chicago, Art Institute, Helen Birch Bartlett Memorial Collection.

216 Evening and visiting dress, 1884. Fashion plate from *Le Moniteur de la Mode.*

217 *Nincompoopiana-The Mutual Admiration Society*, 1880, George du Maurier. From *Punch*, February 1880.

218 'Langtry' and other bustles, 1870s-80s. Advertisements.

219 *The Reception*, 1886, James Jacques Tissot. New York, Albright-Knox Art Gallery, Buffalo. Bequest of Mr William Chase.

220 *The Picnic*, 1875, James Jacques Tissot. London, by courtesy of the Trustees of the Tate Gallery. *Photo Tate Gallery.*

221 *Les Parapluies, c*. 1884, Pierre-Auguste Renoir. London, by courtesy of the Trustees of the National Gallery.

222 Male and female cycling costume of 1878-80. Fashion plates.

223 Male and female seaside costume, 1886. Fashion plate from *The West End Gazette.*

224 Male and female costume, 1884. Fashion plate from *British Costume for Spring and Summer.*

225 *Portrait of Sonja Knips*, 1898, Gustav Klimt. Osterreichisches Galerie, Vienna.

226 Knickerbocker cycling costume for ladies, 1894. *Der Bazar, Berlin.*

227 Walking dresses, 1891. Fashion plate from *Der Bazar,* Berlin.

228 Female riding costume, February 1894. Fashion plate from *The West End Gazette.*

229 Autumn walking dress, 1895. Fashion plate from *Wiener Mode,* Vienna.

230 Dress at the races, 1894. Fashion plate from *Le Salon de la Mode,* Paris.

231 Travelling costume, 1898. Fashion plate.

232 Walking dress, February 1899. Fashion plate.

233 *The Wertheimer Sisters, c*. 1901, John Singer Sargent. London, by courtesy of the Trustees of the Tate Gallery.

234 *Il a été primé*, evening dress, 1914. Fashion plate from *la Gazette du Bon Ton.*

235 Designs for the evening by Paul Poiret, 1923. Cover of *Art-Goût-Beauté,* March 1923.

236 Spring dress trimmed with silk braid, May 1900. Fashion plate from *Illustrated London News.*

237 Spring dress trimmed with lace, May 1900. Fashion plate from *Illustrated London News.*

238 Straight-fronted corset, February 1902. Advertisement.

239 Chiffon dress, 1901. Fashion plate.

240 Evening dress, September 1901.

Fashion plate.
241 Summer dress, c. 1903. Manchester, Museum of Costume, Platt Hall.
242 Silk evening dress, 1911. Manchester, Museum of Costume, Platt Hall.
243 Evening dress, 1907-8. Manchester, Museum of Costume, Platt Hall.
244 'Merveilleuse' dresses, May 1908.
245 Dress, 1908.
246 Lady's golfing costume, 1907. Fashion plate from *Ladies' Tailor.*
247 Day dress, 1907. Fashion plate from *Ladies' Tailor.*
248 Male summer costume, July 1907. Fashion plate from *London Fashion Review.*
249 Walking dress, 1910. Fashion plate from *Ladies' Tailor.*
250 Lady's motoring costume, April 1905. *Photo Radio Times Hulton Picture Library.*
251 Male flannel suit for boating, July 1902. *Photo Radio Times Hulton Picture Library.*
252 Male motoring costume, c. 1904. Fashion plate from *Tailor and Cutter. Photo Radio Times Hulton Picture Library.*
253 Hobble-skirt dresses, 1910. From *The Sketch,* 25 May 1910.
254 Hobble garter, 1910. From *The Sketch,* 2 November 1910.
255 Male and female dress at the races, 1914. *Photo Ullstein,* Berlin.
256 Hobble-skirt dress at Auteuil races, 1914. *Photo Radio Times Hulton Picture Library.*
257 Dress, 1913. Fashion plate from *Journal des Dames et des Modes.*
258 'Robe Sorbet' by Paul Poiret, 1911. *Photo Collection de l'Union Française des Arts du Costume, Paris,*
259 Dress by Paul Poiret, 1913. *Photo*

Collection de l'Union Française des Arts du Costume, Paris.
260 Dress by Paul Poiret, 1913. *Photo Collection de l'Union Française des Arts du Costume, Paris.*
261 Day dress, 1912. Fashion plate from *Journal des Dames et des Modes.*
262 Evening dress by Paquin 1913. Fashion plate from *Gazette du Bon Ton.*
263 Day dress, 1914. Fashion plate from *Journal des Dames et des Modes.*
264 Wartime coat and skirt, 1916. London, Victoria and Albert Museum.
265 Summer dress, 1915. London, Victoria and Albert Museum.
266 Day dresses, June 1919. Fashion plate from *Vogue,* Late June 1919. *Photo by courtesy of* Vogue *magazine.*
267 Evening dresses, 1919. Fashion plate from *Moderne Welt, Vienna.*
268 Day dresses and velvet dress, 1921. Fashion plate from *Chiffons.*
269 Foulard silk summer dress, 1920. *Photo Ullstein, Berlin.*
270 Summer dresses, 1926. Fashion plate from Les *Idées Nouvelles.*
271 Ladies at the Ritz, London, 1926. Fashion plate from *Vogue,* Early April 1926. *Photo by courtesy of* Vogue *magazine.*
272 Lady's tweed suit, 1929. Fashion plate from *Ladies' Tailor Fashions.*
273 Lady's corset, 1924. From *Vogue,* Early February 1924. *Photo by courtesy of* Vogue *magazine.*
274 Dresses by Chanel, 1926. Fashion plate from *Vogue,* Late April 1926. *Photo by courtesy of* Vogue *magazine.*
275 At Chester races, 1926. *Photo Ullstein, Berlin.*

276 Afternoon coat, 1928. *Photo Ullstein, Berlin.*

277 At Longchamps races, 1930. *Photo Ullstein, Berlin.*

278 'Pierrette' hair-style by Jeanne Lanvin, 1928. Sketch from Jeanne Lanvin Collections, Paris.

279 Evening dress, 1929. Fashion plate from *Vogue*, 15 May 1929. *Photo by courtesy of* Vogue *magazine.*

280 Day dress by Jeanne Lanvin, summer 1931. Sketch from Jeanne Lanvin Collections, Paris.

281 Evening dress by Jeanne Lanvin, 1931. Sketch from Jeanne Lanvin Collections, Paris.

282 Evening dress by Worth, 1930.

283 Evening outfit by Edward Molyneux, 1933. *Photo courtesy of Musée de la Mode et du Costume.*

284 Dresses at Berlin races, 1930. *Photo Ullstein, Berlin.*

285 Suit, 1935. *Photo Radio Times Hulton Picture Library.*

286 Dresses for the races, May 1935. Fashion plate.

287 Summer dress, 1934. *Photo Ullstein, Berlin.*

288 'Butterfly' sleeve dress, 1934. *Photo Ullstein, Berlin.*

289 'Butterfly' sleeve dress from Vienna, 1934. *Photo Ullstein, Berlin.*

290 Fashion shows in a salon, 1935. *Photo Ullstein, Berlin.*

291 Dresses at the races, 1938. *Photo Ullstein, Berlin.*

292 Paris fashions, June 1939. Fashion plate from *Vogue*, 14 June 1939. *Photo by courtesy of* Vogue *magazine.*

293 Male costume for spring and summer, 1920. Fashion plate from *Tailor and Cutter*, 19 February 1920.

294 The French and English Prime Ministers, M Herriot and Ramsay Macdonald, at Chequers, 1924. *Photo Thomson Newspapers Ltd.*

295 Lady's suit, 1940-4. *Photo Michael Scott.*

296 British Second World War Civilian Economy Poster. © Imperial War Museum. Cat. no. 4773.

297 Fashion illustration: model Patricia Tuckwell, 1949. Gelatin silver photograph. 39.8 × 28.6 cm. Purchased through the Art Foundation of Victoria with the assistance of The Ian Potter Foundation, Governor, 1989. Reproduced by permission of the National Gallery of Victoria, Melbourne. Copyright © Michael Shmith. *Photo Athol Shmith, 1914-1990, Australia.*

298 Day dress by Jacques Griffe, 1958. From *The Tatler*, 16 April 1958.

299 Beige and écru tweed suit by Chanel, with navy and fuchsia braid. Edge-to-edge jacket; unlined, *c.* 1960. Courtesy Chanel. *Photo Karl Lagerfeld.*

300 Mini-dress, 1965. From *Vogue*, November 1965. Photo © *Condé Nast.*

301 Dress by Mary Quant, mid-1960S. *Photo © Mary Quant.*

302 See-through dress by Rudi Gernreich, 1964. By courtesy of Rudi Gernreich, New York. *Photo William Claxton.*

303 Black-and-white gabardine outfit by André Courrèges, 1965. *Photo by courtesy of André Courrèges.*

304 Knickerbocker suit by Yves Saint Laurent, 1967. *Photo courtesy of Yves Saint Laurent.*

305 Culottes by Yves Saint Laurent, 1968. *Photo courtesy of Yves Saint Laurent.*

306 Trouser suit by Yves Saint Laurent, 1969. *Drawing courtesy of Yves Saint Laurent.*

307 Cocktail dress by Yves Saint Laurent, inspired by Mondrian, 1965. *Photo courtesy of Victoria and Albert Museum, London.*

308 From the pamphlet, *'I Was Lord Kitchener's Valet'* by David Block, 1970s.

309 Summer dress by Zandra Rhodes, 1970. *Photo Vogue magazine, © Condé Nast.*

310 Designs by Barbara Hulanicki from a Biba catalogue, early 1970s.

311 Jersey dress by Jean Muir, 1973. *Photo Vogue magazine, © Condé Nast.*

312 Punks on King's Road, London, 1980. *Photo Sue Snell.*

313 Design by Vivienne Westwood, from the 'Buffalo' collection, Autumn/Winter 1982/83. *Photo Niall McInerney.*

314 Wrap, shirt and dirndl skirt by Issey Miyake, London, 1982. *Photo courtesy of Issey Miyake.*

315 Design by Norma Kamali, from the 'Sweats' collection, Spring/Summer 1981. *Photo courtesy of Norma Kamali.*

316 Design by Azzedine Alaïa, Spring/Summer 1986. *Photo Niall McInerney.*

317 Suit by Thierry Mugler, Autumn/Winter 1989/90. *Photo courtesy of Thierry Mugler.*

318 Design by Karl Lagerfeld for Chanel, Spring/Summer 1993. *Photo Niall McInerney.*

319 From a Moschino Couture advertising campaign, Autumn/Winter 1988/89. Model: Violetta Sanchez. *Photo Moschino.*

320 Raw silk jacket, linen culottes, by Ralph Lauren, 1982. *Photo Albert Watson,* Vogue *magazine, © Condé Nast.*

321 Designs by Calvin Klein, Autumn/Winter 1983/84. *Photo courtesy of Calvin Klein.*

322 Design by Rei Kawakubo/Comme des Garçons, Autumn/Winter 1983/84. *Photo Niall McInerney.*

323 Tailored suit by Giorgio Armani, Spring/Summer 1989. *Photo Niall McInerney.*

324 Design by Missoni, Autunn/Winter 1987/88. *Photo courtesy of Missoni.*

325 Design by Yohji Yamamoto, Spring/Summer 1989. *Photo courtesy of Yohji Yamamoto.*

326 Tailored suit by Paul Smith, Spring/Summer 1994. *Photo Niall McInerney.*

327 Drawing by Christian Lacroix, for his Autumn/Winter 1994/95 collection. *Drawing courtesy of Christian Lacroix.*

328 Design by Christian Lacroix, Summer 1987. *Photo Jean-François Gaté.*

329 Menswear design by Jean-Paul Gaultier, Spring/Summer 1994. *Photo Niall McInerney.*

330 Design by Anna Sui, Spring/Summer 1994. *Photo Niall McInerney.*

331 Design by Gucci, Spring/Summer 1999. *Photo courtesy of Gucci.*

332 Design by Gucci, Spring/Summer 1999. *Photo courtesy of Gucci.*

333 Design by John Galliano for Dior Couture, Spring/Summer 1997. *Photo Sean Ellis.*

334 Design by Alexander McQueen,

Spring/Summer 2001. *Photo Chris Moore. Courtesy of Alexander McQueen.*

335 Design by Helmut Lang, Autumn/ Winter 1998. *Photo Chris Moore.*

336 Suit and suit carrier by Ozwald Boateng, Spring/Summer 200l. *Photo Giannoni G. Courtesy of Ozwald Boateng.*

337 Design by Prada, Spring/Summer 1996. *Photo courtesy of Prada.*

338 Design by Prada, Spring/Summer 1997. *Photo courtesy of Prada.*

339 Design by Dries Van Noten, Spring/ Summer 1998. *Photo courtesy of Dries Van Noten.*

340 Design by Fendi, Womenswear Collection, Autumn/Winter 2000/2001. *Photo courtesy of Fendi.*

341 'Prada Sport' shoe, Spring/Summer 1999. *Photo courtesy of Prada.*

342 Handbag design by Fendi, Autumn/ Winter 2000/2001. *Photo courtesy of Fendi.*

343 Chanel Autumn/Winter 2010. *Photo Maria Valentino for the* Washington Post/*Getty Images.*

344 Alexander McQueen Autumn/Winter 2008. *Photo Rex Features.*

345 Louis Vuitton bag from 2009 tribute collection to Stephen Sprouse by Marc Jacobs. © *Louis Vuitton.*

346 Prince William, Duke of Cambridge and Catherine, Duchess of Cambridge. *Photo Suzanne Plunkett- WPA Pool/Getty Images.*

347 Kate Moss wearing vintage dress. *Photo Matt Baron/BEI/Rex Features.*

348 Sienna Miller wearing vintage dress. *Photo Stuart Atkins/Rex Features.*

责任编辑　郑幼幼
文字编辑　金　木
责任校对　高余朵
责任印制　朱圣学
图书设计　郑幼幼 & 祝羽正
图片翻拍　任晓华
翻译审校　刘微亮

浙江省版权局
著作权合同登记章
图字：11-2013-105 号

图书在版编目（CIP）数据

服装和时尚简史 /（英）拉韦尔（Laver, J.）著；
林蔚然译. ——杭州：浙江摄影出版社，2016.6（2021.3重印）
（艺术世界丛书）
ISBN 978-7-5514-1422-7

Ⅰ.①服… Ⅱ.①拉… ②林… Ⅲ.①服装—历史—世界
Ⅳ. ①TS941-091

中国版本图书馆CIP数据核字（2016）第077750号

艺术世界丛书
Fuzhuang He Shishang Jianshi
服装和时尚简史
（英）詹姆斯·拉韦尔　著
林蔚然　译

全国百佳图书出版单位
浙江摄影出版社出版发行
　地址：杭州市体育场路347号
　邮编：310006
　网址：www.photo.zjcb.com
　电话：0571-85151350
　传真：0571-85159574
制版：杭州立飞图文有限公司
印刷：浙江影天印业有限公司
开本：889mm × 1194mm　1/32
印张：9.5
2016年6月第1版　　2021年3月第5次印刷
ISBN：978-7-5514-1422-7
定价：98.00元